卓越工程师培养计划

· EDA ·

IE3D 射频电路设计与仿真

主　编◎罗显虎

副主编◎周立国　夏鑫淋　成彬彬

参　编◎粟立勇　周维康　韩　榆　褚慧敏

　　　　陈昌东　薛乔雨　王远志

电子工业出版社·

Publishing House of Electronics Industry

北京·BEIJING

内 容 简 介

本书主要介绍基于 IE3D 15 电磁仿真软件对射频电路进行设计与仿真，共包括 8 章内容。第 1 章主要介绍 IE3D 的基本仿真环境和设计与仿真流程等；第 2 章主要介绍 IE3D 射频电路建模、网格划分、求解频率设置等，并详细演示了微带定向耦合器的设计与仿真流程；第 3 章主要介绍微带滤波器设计的基础理论、设计指标及仿真流程；第 4 章主要介绍微带功分器设计与仿真案例，并详细描述了功分器的设计流程；第 5 章主要介绍微带 PCB 蛇形天线设计与仿真的相关知识；第 6 章主要介绍毫米波微带阵列天线设计与仿真的相关知识；第 7 章主要介绍 3dB 90°电桥的基本工作原理、设计指标及 IE3D 设计与仿真过程；第 8 章主要介绍 IE3D 与 ADS、Sonnet 的结合使用。

全书主要着眼于使用 IE3D 对平面射频电路进行仿真的案例讲解，通过工程实例，广大读者可以快速上手射频微波电路设计与仿真。本书可以作为高等院校电子工程、通信、工业自动化、电子对抗、信号与系统等学科领域与专业高年级本科生或研究生的仿真教程，也可以作为相关专业技术人员的自学参考书。

图书在版编目（CIP）数据

IE3D 射频电路设计与仿真 / 罗显虎主编. -- 北京：
电子工业出版社, 2024.6. -- (卓越工程师培养计划).
ISBN 978-7-121-48133-8

Ⅰ. TN710.02

中国国家版本馆 CIP 数据核字第 2024SY1067 号

责任编辑：张　剑　　　　　特约编辑：田学清

印　　刷：北京市大天乐投资管理有限公司

装　　订：北京市大天乐投资管理有限公司

出版发行：电子工业出版社

　　　　　北京市海淀区万寿路 173 信箱　　　邮编：100036

开　　本：787×1092　　1/16　　印张：13.75　　字数：334 千字

版　　次：2024 年 6 月第 1 版

印　　次：2024 年 6 月第 1 次印刷

定　　价：68.00 元

凡所购买电子工业出版社图书有缺损问题，请向购买书店调换。若书店售缺，请与本社发行部联系，联系及邮购电话：(010) 88254888，88258888。

质量投诉请发邮件至 zlts@phei.com.cn，盗版侵权举报请发邮件至 dbqq@phei.com.cn。

本书咨询联系方式：zhang@phei.com.cn。

前　　言

随着无线通信技术的快速发展，现代无线通信电子产品对电性能、集成度、可靠性的要求越来越高，而对设计周期的要求却越来越短。这对电子工程师而言，不仅需要扎实的理论功底，良好的工程实践能力，还应该具备良好的前期对电路的仿真模拟能力。对无线通信电子产品的电路而言，射频电路的工作波长与电子电路物理尺寸相近，由于其后期的电性能调试难度较大，因此其前期的模拟仿真尤为重要。

HyperLynx 作为高速信号仿真的利器，市面上已有大量教程对其在高速电路、电源完整性、信号完整性等电路分析中的使用有较为完善的讲解，但其在射频电路设计与仿真中的使用教程还亟待完善。目前，市面上分析、设计射频电路的软件大多为单独的电磁分析软件，如 Ansys HFSS、ADS、CST 等，对射频信号进行预先分析仿真，进而对射频电路的工作状态、电磁兼容等特性进行预处理。面对系统级电路设计与仿真，开发者选择一款合适的射频电路仿真软件不仅可以提高仿真可靠性，还可以提高设计效率、缩短开发周期。HyperLynx 3D EM（即 IE3D）作为 HyperLynx 旗下的一款射频电路仿真软件，是基于矩量法求解积分形式的麦克斯韦方程组的全波电磁仿真软件，矩量法精度很高，能解决广泛的电磁问题，同时针对特定问题，IE3D 又开发了 Fast EM、AIMS 等快速算法功能，进一步提高了计算速度，减少了计算时间。经过多年的发展，虽然目前市面上的射频电路仿真软件众多，但 IE3D 在平面射频电路设计中表现出色，由于其仿真速度快、仿真结果准确，因此在众多射频电路仿真软件中占有重要的一席之地，为工程师在设计与仿真平面射频电路方面提供了一个重要的选择。

本书主要介绍基于 IE3D 15 电磁仿真软件对射频电路进行设计与仿真，主要涉及 IE3D 15 的仿真环境、设计流程及典型的射频电路的设计与仿真；通过对滤波器、微带 PCB 天线、阵列天线、功分器、定向耦合器等射频电路的全流程设计与仿真，读者能快速上手 IE3D，并能独立利用 IE3D 设计射频电路产品。

本书由罗显虎担任主编，周立国、夏鑫淋、成彬彬担任副主编，粟立勇、周维康、韩榆、褚慧敏、陈昌东、薛乔雨、王远志参编。书中案例涉及面较广，参考资料较少，在此十分感谢大家的辛苦付出。本书也得到了《ADS2011 射频电路设计与仿真实例》《HFSS 射频仿真设计实例大全》的主编徐兴福老师的指导，在此深表谢意。本书在编写过程中参考并引用了 Mentor Graphics 公司的相关技术资料，在此也深表谢意。

由于编者水平有限，书中难免存在疏漏和不足之处，恳请读者批评指正。

编　者

目　录

第1章　IE3D 概述 1

1.1　IE3D 简介 1

1.2　IE3D 组成器件介绍 2

1.3　Mgrid 介绍 5

1.4　IE3D 射频无源器件设计基本流程 9

　　1.4.1　启动软件 9

　　1.4.2　基础参数设置 10

　　1.4.3　电路建模 10

　　1.4.4　端口设置 11

　　1.4.5　仿真参数设置 11

　　1.4.6　仿真后数据处理 12

　　1.4.7　仿真优化设置 13

第2章　微波定向耦合器设计与仿真 17

2.1　定向耦合器设计原理与 IE3D 设计概述 17

　　2.1.1　定向耦合器原理概述 17

　　2.1.2　IE3D 设计环境概述 22

2.2　创建定向耦合器模型的 IE3D 环境 22

　　2.2.1　运行 IE3D 新建工程 22

　　2.2.2　介质基板层参数设置 23

2.3　创建对称多节定向耦合器模型 24

　　2.3.1　原理图设计 24

　　2.3.2　添加端口 27

2.4　定向耦合器 IE3D 运行仿真分析 28

　　2.4.1　定向耦合器模型初步仿真 28

　　2.4.2　结构调整及仿真 30

2.5　定向耦合器的优化 31
　　2.5.1　优化变量设置 31
　　2.5.2　优化目标设置 35
　　2.5.3　网格优化 38
2.6　最终结果 44

第 3 章　微带滤波器设计与仿真 46
3.1　滤波器简介 46
3.2　设计指标 46
3.3　特性阻抗微带线的宽度计算 46
3.4　单个谐振器设计 48
　　3.4.1　发夹型谐振器小型化布局 48
　　3.4.2　创建 IE3D 新工程 48
　　3.4.3　基础微带线的绘制 51
　　3.4.4　单个谐振器的绘制 54
　　3.4.5　谐振器参数调整 59
　　3.4.6　谐振器间耦合间距的确立 64
　　3.4.7　抽头的建立和位置的确定 68
3.5　7 阶小型化滤波器仿真 71
　　3.5.1　7 阶滤波器模型的建立 71
　　3.5.2　滤波器优化仿真 73
　　3.5.3　优化变量 77
　　3.5.4　设置优化目标 79

第 4 章　微带功分器设计与仿真 82
4.1　射频功分器概述 82
4.2　功分器建模 83
　　4.2.1　创建 IE3D 新工程 83
　　4.2.2　建立功分器模型 85
4.3　仿真计算 93

第 5 章　微带 PCB 蛇形天线设计与仿真 96
5.1　PIFA 设计基础 96

　　　　5.1.1　PIFA 的演变过程 96

　　　　5.1.2　PIFA 设计 99

　　5.2　微带 PCB 蛇形天线仿真实例 100

　　　　5.2.1　新建工程 101

　　　　5.2.2　天线结构建模 103

　　　　5.2.3　天线仿真分析 109

　　　　5.2.4　查看仿真分析结果 112

　　　　5.2.5　天线辐射场强方向图 123

第 6 章　毫米波微带阵列天线设计与仿真 135

　　6.1　天线基础 135

　　　　6.1.1　方向性系数与增益 135

　　　　6.1.2　方向图 136

　　　　6.1.3　输入阻抗和电压驻波比 137

　　　　6.1.4　天线带宽 138

　　6.2　微带天线的基本理论 139

　　　　6.2.1　微带天线的定义及基本模型 139

　　　　6.2.2　微带天线的优/缺点及应用 139

　　　　6.2.3　微带天线的分析方法 140

　　　　6.2.4　微带天线的馈电方式 140

　　6.3　微带阵列天线仿真实例 142

　　　　6.3.1　微带阵列天线的特性参数 142

　　　　6.3.2　微带阵列天线尺寸估算 143

　　　　6.3.3　创建微带阵列天线模型并仿真 144

　　　　6.3.4　天线的 EM 优化 152

　　　　6.3.5　天线的几何调谐 162

　　　　6.3.6　电流密度分布可视化 163

　　　　6.3.7　辐射图可视化 165

第 7 章　3dB 90°电桥设计与仿真 171

　　7.1　3dB 电桥技术基础 171

　　7.2　3dB 电桥实例与仿真 172

7.2.1　案例参数及设计指标 172

7.2.2　3dB 电桥设计 173

第 8 章　IE3D 与其他软件的结合使用 189

8.1　IE3D 与 ADS 的联合仿真 189

8.1.1　ADS 模型仿真及导出 189

8.1.2　模型导入 192

8.1.3　设置基本参数 193

8.1.4　初步仿真及优化 195

8.2　IE3D 与 Sonnet 的联合仿真 201

8.2.1　导出/导入模型 202

8.2.2　屏蔽盒及电路设置 206

8.2.3　介质基板层端口设置 208

8.2.4　求解设置及估计屏蔽盒的谐振点 209

8.2.5　运行仿真及结果分析 209

第 1 章 IE3D 概述

 ## 1.1 IE3D 简介

在现代 EDA 设计中，高频段的集成电路（Integrated Circuit，IC）、单片微波集成电路（Monolithic Microwave Integrated Circuit，MMIC）、印制电路板（Printed Circuit Board，PCB）等设计需要高精确的全波电磁电路模型来实现其最终在物理层面的应用，IE3D 正是一款满足了这种设计需要的电磁仿真软件。

IE3D 即 HyperLynx 3D EM，最早是由 Zeland 公司在 1993 年开发的，之后，Zeland 公司多次发布 IE3D 版本，直到 Zeland 公司于 2010 年被全球三大 EDA 领导厂商之一的 Mentor Graphics 公司收购，同时，IE3D 被整合进 Mentor Graphics 公司的全波仿真工具软件 HyperLynx Full-Wave Solver 中，IE3D 现在已经发展到了 Version 15.0。

IE3D 的精确性、运算速度、泛用性、灵活性都久经用户使用考验，IE3D 是一款可以帮助设计人员将想法投入产品设计的优秀的电磁仿真软件。

1. IE3D 适用的领域

- 集成电路设计：信号完整性分析、电源完整性分析、电路封装。
- 射频电路：无源器件仿真、有源器件仿真、低温共烧陶瓷电路、高温超导电路。
- 各类天线的几何图形：贴片天线、槽孔天线、倒 F 天线、介质谐振器、RFID 标签天线、光频天线。

2. IE3D 的主要技术优势

- 提供快速的结构优化和一个为了解决电磁问题而提供实时几何调节与电磁模型仿真的数据库。
- 自动均匀网格生成。
- 在真正意义上对形状和方向没有要求的 3D 金属结构建模；可以轻易地实现锥形通孔、锥形螺旋天线、引线键合及任何平面微波结构或射频电路结构设计。
- 直观的图形用户界面提供了大量的多边形和基于顶点的编辑工具，加快了电磁结构的定义和参数化。
- 丰富的常见复杂结构库使设计人员能够在短时间内构建复杂的 3D 和多层电磁结构。
- 全 3D 几何编辑器。
- 全波 3D EM 仿真引擎（带分布式计算功能）。

- 自适应宽带曲线拟合确保了快速准确的仿真结果。
- 从各种数据显示方式中任选一种，用于在数据列表、矩形框图和史密斯图中绘制 S、Y 和 Z 参数。

1.2　IE3D 组成器件介绍

IE3D 由若干部分组成，各部分的程序入口集成在 Program Manager 界面中，如图 1-1 所示。

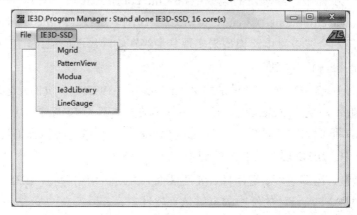

图 1-1　Program Manager 界面

1．Mgrid

Mgrid 是 IE3D 进行电路设计仿真的主要界面，是建立电路结构的线路图编辑器，以及电流显示和方向图计算后置处理程序。用户主要的设计操作都集中在 Mgrid 中，用户根据自身的设计需求，在完成一个电路图形的 2.5D 结构设计之后，添加端口，调用 IE3D 仿真引擎即可完成仿真的初步操作。Mgrid 中的仿真电路示意图如图 1-2 所示。

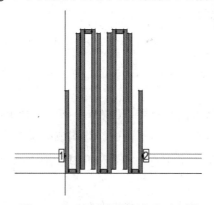

图 1-2　Mgrid 中的仿真电路示意图

2．PatternView

PatternView 是 IE3D 进行后处理的软件，可以将仿真计算的结果、电磁场的分布或方向图以等高线或向量场的形式显示出来。PatternView 界面的辐射方向图如图 1-3 所示。

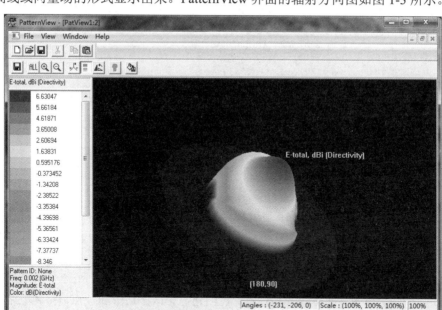

图 1-3　PatternView 界面的辐射方向图

3．Modua

Modua 是参数显示和电路仿真的示意图编辑器。Modua 不包括任何器件库，仿真结果文件和 Mgrid 预定义结构文件都可用作 Modua 模块。另外，用户还可在 Modua 中定义电阻、电容、电感、互耦电感、开路、短路和理想连接等集总器件。图 1-4 所示为 Modua 作为数据处理结果显示的界面。

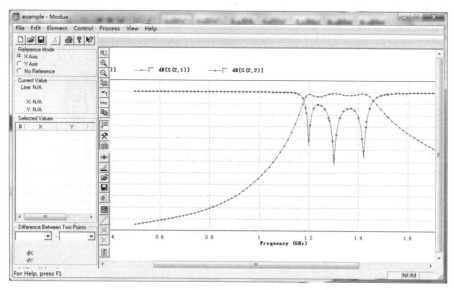

图 1-4　Modua 作为数据处理结果显示的界面

图 1-5 所示为一个微带电路在 Modua 中等效为模块的示意图。

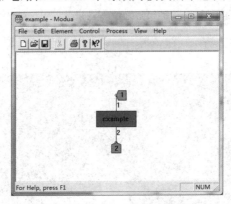

图 1-5　微带电路在 Modua 中等效为模块的示意图

4．Ie3dLibrary

在 IE3D 9.0 之前，Mgrid 是建立电路结构的唯一线路图编辑器，是一个很强大的图形界面。Mgrid 基于底层对象，即多边形和顶点，可创建与修改多边形和顶点，得到电路形状，它们是一个结构的基本器件。用户也可在 Mgrid 中创建高层对象，如圆形螺旋电感、带接地通道的 MIM 电容，但创建高层对象后仍将其分解为多边形，在 Mgrid 中，高层对象不能作为实体进行编辑。如果能将高层对象作为实体来创建和编辑当然很好，但鉴于 Mgrid 处理多边形和顶点的方式，在 Mgrid 中引入这样的功能很困难。由于这个原因，引入了 Ie3dLibrary。Ie3dLibrary 允许用户创建基于高层对象的电路或天线，虽然高层对象作为一组多边形描述，但用户不能直接看到多边形，任何进一步的编辑都对高层对象完成，因此保持了每个对象的集成。与 Mgrid 相比，如图 1-6 所示，Ie3dLibrary 在创建常用结构时更容易使用，但它不能接触一个结构小的细节，它对一般结构没有 Mgrid 灵活。用 Ie3dLibrary 创建的任何结构均可导出到 Mgrid 中。

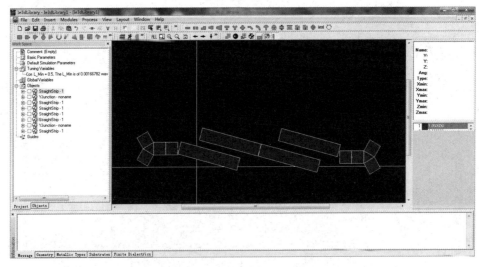

图 1-6　Ie3dLibrary 界面

5．LineGauge

LineGauge 是 IE3D 整合的一个用于计算传输线尺寸的计算工具，可以通过预设各类微带线、带状线、波导管的各类固有参数来计算出所需传输线结构的尺寸等参数。该工具计算出来的结果通常是理论值，实际结果需要结合仿真来验证，以得到更为准确的结果。图 1-7 所示为一个工作中心频率为 3GHz，介质基板层的相对介电常数为 4、厚度为 0.5mm，微带线厚度为 0.002mm 的微带线尺寸计算示例，计算得微带线的长度为 9.32648mm、宽度为 1.02336mm。

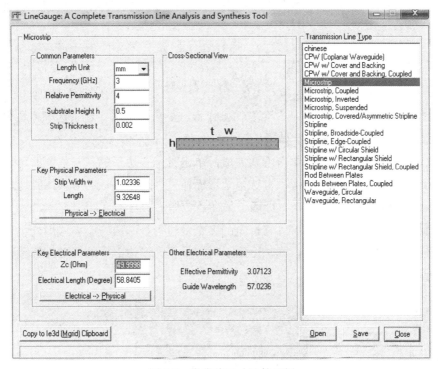

图 1-7　微带线尺寸计算示例

1.3　Mgrid 介绍

前面简略提及了 Mgrid 的功能及界面图示，现在就 Mgrid 界面中常用的功能与具体的建模操作进行更加详细的介绍，使读者能够对 Mgrid 的使用有一定的了解。

如图 1-8 所示，Mgrid 如同其他各类软件一样，除有分门别类的菜单栏以外，还有按功能类型区分的若干不同的功能按钮，以满足不同的操作。

图 1-8　主界面工具栏

基础参数设置：所有新建工程都需要对基础参数进行设置，包括工程文件注释、工程文件内默认的长度单位、电路网格参数、电路衬底参数、电路金属带参数等；第二个按钮用于展示设置好的电路衬底分布情况，同时可以对不同分层衬底的颜色与透明度进行设置，使电路建模过程更具直观性，如图 1-9 所示。

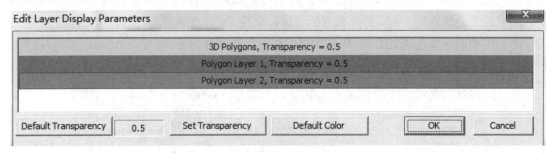

图 1-9　基础参数设置

编辑操作：从左至右的操作依次是自由编辑、逐个选取多边形、框选多边形组、选取顶点、选取目标的参数。

逐个选取多边形操作必须以单击方式完成，单击目标多边形的任一位置即可选定它，可以通过连续单选来选定多个多边形；框选多边形操作可以通过框选的方式同时选取多个多边形，但是是否选定的标准取决于是否框选了目标多边形的所有顶点。

合并分割操作：可以将选定的多个多边形合并成一个多边形，也可以将一个多边形按需要划分成多个多边形，同时适用于对有重叠的多边形中的图形进行裁剪操作，如图 1-10 所示。

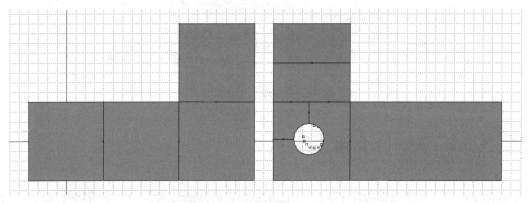

图 1-10　合并分割操作示意图

常规画图操作：Set to the closest vertex 是常用的捕捉操作；其他操作即简单地绘制直线、曲线、矩形、圆。值得一提的是，在建模过程中，更常用的是这一类画图操作。与上述操作不同的是，这一类画图操作可以准确地定义所画图形的位置坐标与尺寸，更适于准确的建模设计。

端口设置：有两种不同的定义端口的方法，一种是单击选取电路的一条边作为端口，另一种是框选一条边作为端口，二者本质一致，区别在于操作习惯、操作方法的不同。每个端口都需要定义一种嵌入形式（De-Embedding Scheme）。端口有以下 7 种嵌入形式。

- 高级扩展（Advanced Extension），此种形式最为常用。
- 微波集成电路扩展（Extension for MMIC）。
- 局部微波集成电路（Localized for MMIC）。
- 波扩展（Extension for Waves）。
- 垂直局部（Vertical Localized）。
- 水平局部（Horizontal Localized）。
- 50Ω 波（50 Ohms for Waves）。

仿真设置：包括网格参数设置、仿真参数设置、优化参数设置、方向图参数计算、近场分析。在完成建模、添加端口后即可开始仿真，其中，仿真参数设置主要包括网格设置、矩阵处理器的选择、AIF 设置、仿真频点设置、仿真后处理。

网格设置是十分重要的一步操作，网格的划分直接影响仿真精度。网格参数包括最高频率、网格数、最大网格尺寸等。另外，这里还包括自动网格设置功能，该功能可以让用户快速、简便地进行网格生成以实现最优化仿真。自动网格设置在这里不做讨论。"Automatic Meshing Parameters"（自动网格参数）对话框如图 1-11 所示。

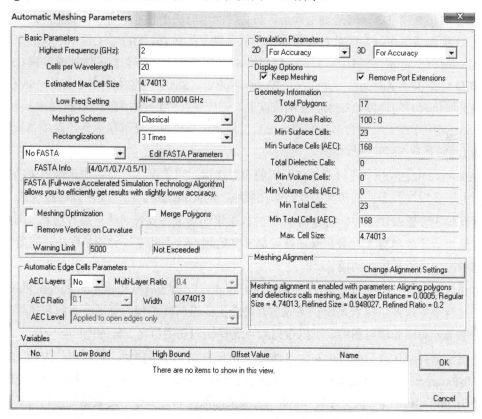

图 1-11　"Automatic Meshing Parameters"（自动网格参数）对话框

设置自动网格后的电路结构如图 1-12 所示。

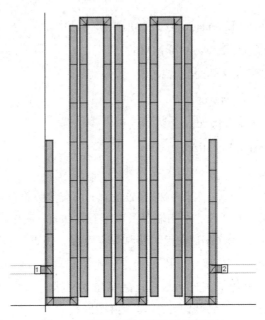

图 1-12   设置自动网格后的电路结构

IE3D 的仿真建立在矩阵运算基础上，仿真时间也取决于软件填充、计算矩阵的时间，因此，IE3D 中集成了多种矩阵处理器来满足不同条件下的仿真。Mgrid 工程中默认的矩阵处理器是 Advanced Symmetric Matrix Solver（SMSi），该矩阵处理器不支持多线程或多核 CPU，因此，IE3D 还提供了 Adaptive Symmetric Matrix Solver（SMSa）这种矩阵处理器。SMSa 在进行大型工程仿真时的速度比 SMSi 快 4 倍以上，相应地，SMSa 占用的内存自然多于 SMSi，因此，SMSa 中集成了一种自适应算法，仿真过程中如果出现了计算机内存不足的情况，那么 SMSa 自动转换成 SMSi 进行仿真。

"Adaptive Intelli-Fit" 是针对频点分析的设置选项，它确保仿真能够快速得到准确的频响结果，由于多数微波器件的仿真关注点都在频域，因此系统默认在仿真中开启该设置。

仿真频段设置取决于实际仿真需要，IE3D 采用的离散仿真针对频点进行仿真，因此在力求仿真结果准确的前提下，务必保证设置足够多的频点，尤其在较大的工程中。设置频点的数量越多，仿真所需的时间越长。

仿真后处理主要包括两方面：Current Distribution File (.cur) 和 Radiation Pattern File (.pat)，勾选了这两个复选框意味着系统在完成仿真时会生成该仿真工程的电场分布图和辐射图，在生成的电场分布图和辐射图中，可以根据频点选择性地观测仿真工程的电磁场分布。

下面简单介绍仿真后处理中有关 S 参数、电场分布的相关操作。在仿真结束后，通常会弹出 "S-Parameters and Frequency Dependent Lumped Element Models" 对话框，用户这时可以选择 "Graph Definition" → "Add Graph" 选项来添加自己需要显示的数据处理结果。通常，仿真的关注点在于 S 参数，故选择 S 参数即可。

如前面所述，在设置仿真参数时，可以勾选 "Current Distribution File (.cur)" 和 "Radiation Pattern File (.pat)" 复选框，在仿真完成时，会生成仿真工程的电场分布图，如图 1-13 所示。

在电场分布图中，可以分频点查看电路中的电场强度分布，在设计过程中，可以以此为参考来验证设计是否合理、准确。

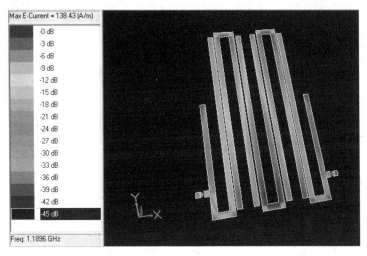

图 1-13　电场分布图

 ## 1.4　IE3D 射频无源器件设计基本流程

IE3D 设计无源器件遵循一个基本流程，如图 1-14 所示。

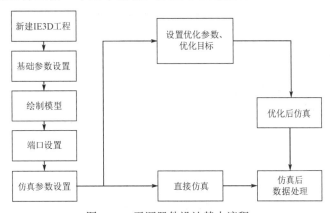

图 1-14　无源器件设计基本流程

下面以设计一个无源带通滤波器为例来简单叙述无源器件的设计流程。

1.4.1　启动软件

在使用 IE3D 任何组件前都需要先打开 IE3D Program Manager，然后启动 Mgrid，新建工程。

1.4.2　基础参数设置

如图 1-15 所示，基础参数（Basic Parameters）包括滤波器所在介质基板层的厚度、介电常数等，同时包括滤波器所在导体本身的厚度与电导率等参数，准确地设置基础参数是完成仿真的先决条件。

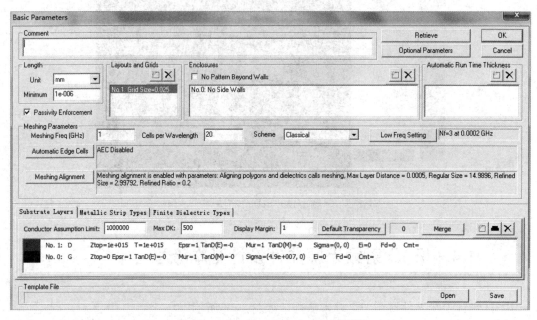

图 1-15　"Basic Parameters"对话框

1.4.3　电路建模

建立如图 1-16 所示的电路，绘制以三维坐标为基础，在界面中，以 *XY* 坐标为基准完成电路结构设计，同时可以通过调整 *Z* 值来调整导体电路位于介质基板层的不同厚度上。

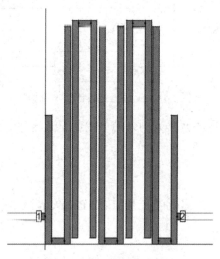

图 1-16　电路结构示意图

1.4.4　端口设置

Mgrid 中的任何电路都需要设置端口才能进行仿真。如图 1-17 所示，在"De-Embedding Scheme"对话框中完成端口嵌入形式的选择后，将端口添加至电路部分，即可进行仿真。

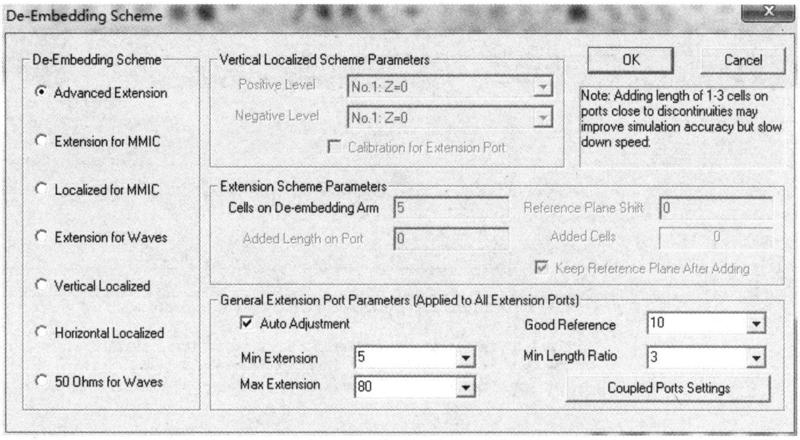

图 1-17　"De-Embedding Scheme"对话框

1.4.5　仿真参数设置

在完成基础参数设置、电路结构设计、端口定义与设置之后，即可开始进行初步的仿真操作，对初学者来说，只需通过图 1-18 中左下角的"Enter"按钮输入所需的仿真频段即可。需要注意的是，"Meshing Freq"必须大于仿真频段的最大值，"Cells/Wavelength"决定了仿真精度，越高的仿真精度需要越长的仿真时间。

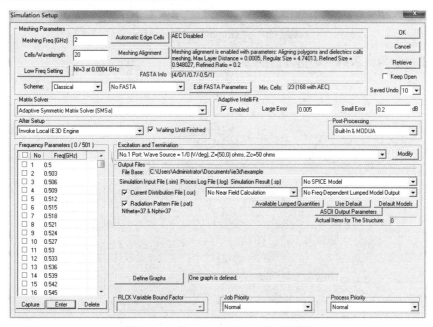

图 1-18　"Simulation Setup"对话框

1.4.6　仿真后数据处理

对于任何工程，在第一次仿真结束后，都会自动弹出如图 1-19 和图 1-20 所示的对话框，单击图 1-19 中的"Add Graph"按钮，会出现各种可供选择的图表选项。

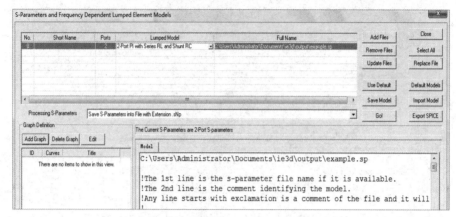

图 1-19　"S-Parameters and Frequency Dependent Lumped Element Models"对话框

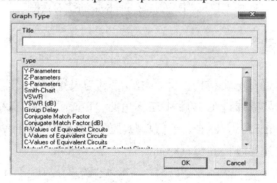

图 1-20　"Graph Type"对话框

图 1-21 所示为该示例电路仿真后的 S 曲线图。

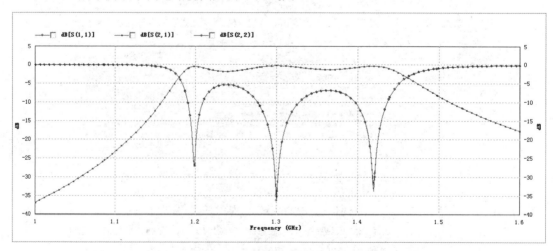

图 1-21　该示例电路仿真后的 S 曲线图

1.4.7　仿真优化设置

IE3D 提供了强大的优化算法，可以让用户对自己的设计进行最大程度的优化仿真，与其他仿真软件类似的是，用户需要首先对电路的尺寸结构进行具体的优化设置，然后设计一个优化目标或多个优化目标来完成优化仿真。

优化参数设置以点操作为基础，先选定电路结构中的一个或多个点，再选择"Optim"→"Variable For Selected Objects..."选项即可。优化参数设置分两步进行，第一步，确定选中点的变化方向；第二步，确定选中点在变化方向上的变化大小。电路结构随着选中点不断变化，进而影响电路性能。需要提醒的是，在设置优化参数的过程中，不能对电路结构有任何修改，否则，已经设置好的优化参数会丢失。

在 Mgrid 中，优化目标设置主要以 S 参数为主。优化目标设置需要对由电路尺寸变化带来的性能变化趋势有一定的认识，盲目极限地优化目标只会增加优化时间，且难以得到好的优化结果。

下面是仿真优化设置的简单步骤（后续章节会进行详细的操作演示）。

（1）选择"Edit"→"Select Vertices"选项或单击 按钮，按住鼠标左键，下拉选中电路结构中想要优化部分的顶点，如图 1-22 所示。

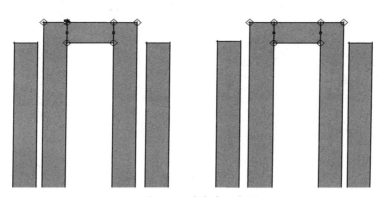

图 1-22　选中点示意图

（2）设置选中点的变化方向。选择"Optim"→"Variable For Selected Objects..."选项，打开"Optimization Variable Definition"对话框，如图 1-23 所示。在"Tuning Angle"数值框中输入 90（表示在 Y 方向上变化），单击"OK"按钮。

（3）设置选中点的优化区间。往下拖动选中点一小段距离，弹出"Set Low Bound"对话框，如图 1-24（a）所示；在"Low bound fixed at"数值框中输入一个合适的值（变量下边界），单击"OK"按钮。

往上拖动抽头一小段距离，弹出"Set High Bound"对话框，如图 1-24（b）所示；在"High bound fixed at"数值框中输入一个合适的值（变量上边界），单击"OK"按钮，弹出"Defining No.1 Variable Finished"对话框，如图 1-25 所示。单击"Continue Without Action"按钮，完成选中点的优化区间设置。

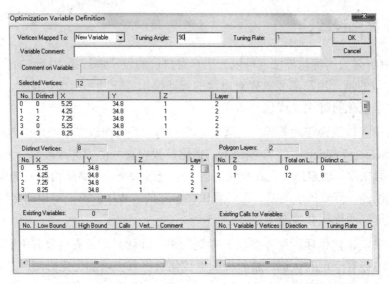

图 1-23   "Optimization Variable Definition" 对话框

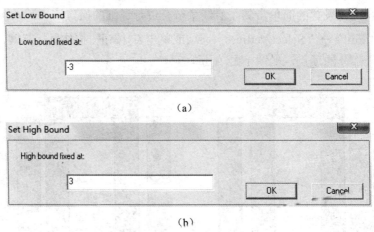

（a）

（h）

图 1-24   设置选中点的优化区间

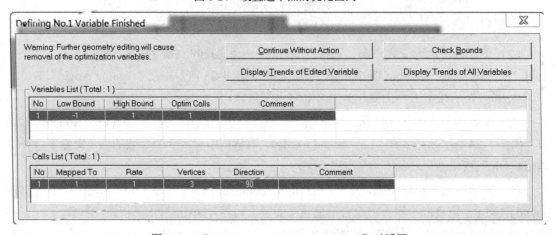

图 1-25   "Defining No.1 Variable Finished" 对话框

（4）选择优化方式、设置优化目标。选择"Process"→"Optimize"选项，打开"Optimization Setup"对话框，如图 1-26 所示。

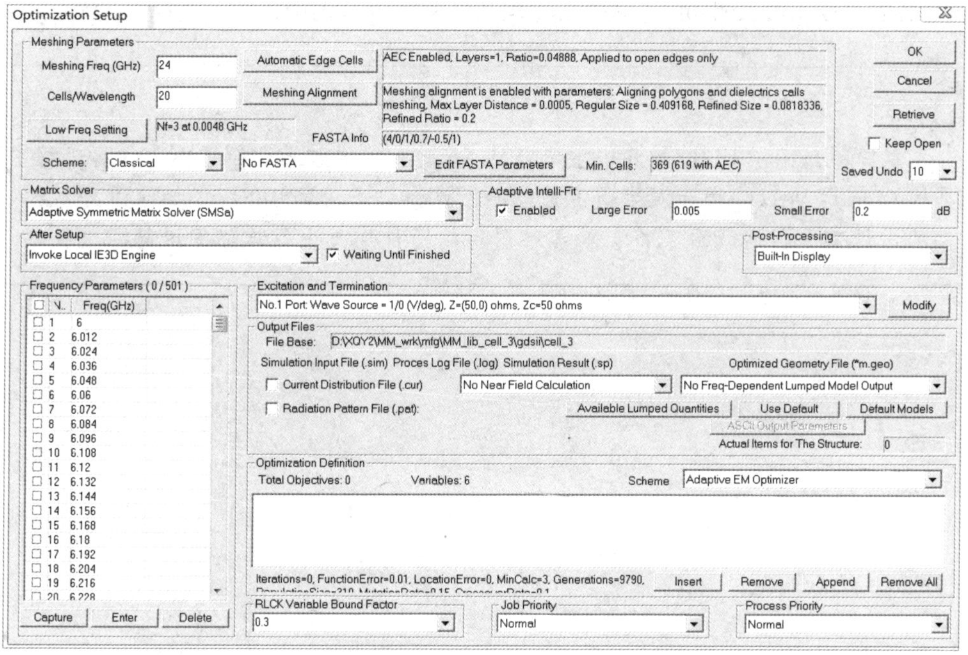

图 1-26　"Optimization Setup"对话框

如图 1-27 所示，为了提供仿真速率，将"Optimization Definition"选区的"Scheme"下拉列表中的"Adaptive EM Optimizer"改为"Powell"，在弹出的"Optimization Control Parameters"对话框中单击"OK"按钮。

图 1-27　优化函数选择

在"Optimization Setup"对话框中单击"Insert"按钮，弹出"Optimization Goal"对话框，按图 1-28 进行设置，确认"Frequency Range"选区中的求解频率范围，单击"OK"按钮，开始优化。

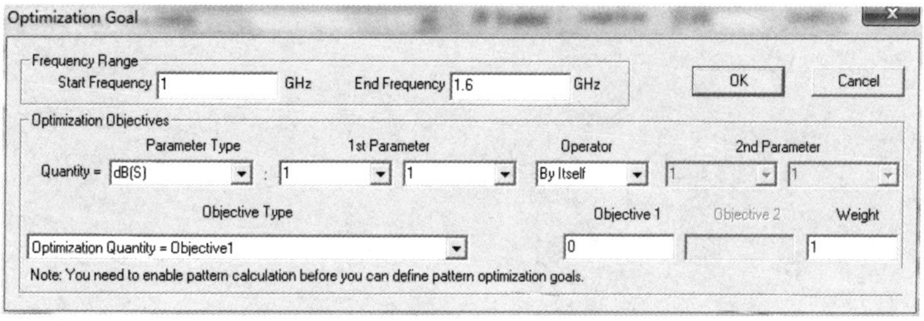

图 1-28　"Optimization Goal"对话框

　　上述每步操作的具体设置都将在后面进行详细介绍，完成上述操作后即可开始进行系统优化仿真，系统会不断运算迭代，直到得到最接近优化目标的结果，同时生成新的工程文件，并自动命名为"原工程文件 m"，保存在工程文件所在根目录中。

　　　　本章简单介绍了 IE3D 的几个主要器件，同时比较详细地介绍了作为仿真工程主要设计工具的 Mgrid，并以一个无源带通滤波器的设计为引子，简单介绍了如何用 IE3D 完成无源器件的设计工作，后续章节将会就各种器件的设计细节进行详细的讲解。

第2章　微波定向耦合器设计与仿真

本章首先对耦合器进行较为全面、系统的介绍，然后通过 X 波段微带定向耦合器的设计分析实例全面介绍 IE3D 设计射频微波器件的基本过程。本章内容包括 IE3D 工程环境、创建定向耦合器模型、优化定向耦合器模型、查看结果及后续网格优化等。

通过本章的学习，期望读者能够熟练掌握使用 IE3D 设计射频微波器件的步骤，掌握定向耦合器设计的基本方法。通过本章，读者可以学习到以下内容。

- 如何在 IE3D 中定义基本参数和设置介质基板层。
- 如何在 IE3D 中于层上编辑多边形。
- 如何在 IE3D 中对平面和 3D 几何结构进行建模。
- 如何在 IE3D 中定义端口和高级延伸方案。
- 如何运用 IE3D 中的网格化结构。
- 如何运用 AEC（Automatic Edge Cells）进行高精度仿真。
- 如何查看求解结果及优化结果。

 ## 2.1　定向耦合器设计原理与 IE3D 设计概述

2.1.1　定向耦合器原理概述

耦合器是微波系统中广泛使用的一种微波/毫米波器件，可用于信号的隔离、分离和混合，如功率监测、源输出功率稳幅、信号源隔离、传输和反射的扫频测试等。它的本质是将微波信号功率按一定的比例进行分配，同时改变信号的相位。耦合器的主要技术指标有方向性、隔离度、耦合度、驻波比及插入损耗等。

常见的耦合器一般都是定向耦合器，定向耦合器是具有方向性的功率耦合和功率分配器件，其结构形式多种多样，但它们都是互易四端口器件，通常由主传输线、副传输线和耦合结构 3 部分组成，其基本运作可以通过图 2-1 进行大体说明。功率通过端口 1 输入，电磁波能量经过耦合结构耦合到端口 3，此端口因此被称为耦合端口，耦合因子为 $|S_{13}|^2$；剩余的输入功率传送到端口 2，由于此传输过程是直接进行传输的，不经过其他复杂结构，因此，此端口被称为直通端口，其系数为 $|S_{12}|^2$。在理想耦合器中，没有功率被传输到端口 4，因此，此端口被称为隔离端口。

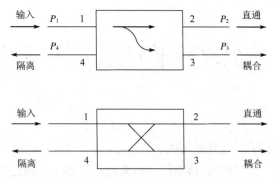

图 2-1   定向耦合器的两种常用表示符号和端口定义

通常用下面几个参量来表征定向耦合器：

$$耦合度\ C = 10\lg\frac{P_1}{P_3} = -20\lg|S_{31}|\ \mathrm{dB}$$

$$方向性\ D = 10\lg\frac{P_3}{P_4} = -20\lg\frac{|S_{31}|}{|S_{41}|}\ \mathrm{dB}$$

$$隔离度\ I = 10\lg\frac{P_1}{P_4} = -20\lg|S_{41}|\ \mathrm{dB}$$

$$输入驻波比\ \rho = \frac{1+|S_{11}|^2}{1-|S_{11}|^2}\ \mathrm{dB}$$

其中，S_{11} 为在除端口 1 外，其他端口都接匹配负载情况下的反射系数，在设计中，通常要求端口 1 的驻波比不小于 1.5dB。

如图 2-1 所示，P_1 是端口 1 的输入功率，$P_2 \sim P_4$ 分别是端口 2～端口 4 的输出功率。C 的值越大，定向耦合器的耦合能力越弱。耦合度不同，其结构形式也不一样。当耦合器的耦合度为 3dB 时，耦合端口的信号功率是输入端口的信号功率的一半。同时按照耦合度大小可以将定向耦合器分为强耦合定向耦合器（耦合度小于 3dB）、弱耦合定向耦合器（耦合度大于 20dB）。

方向性如同隔离度一样，是表征耦合器前向波和反向波能力的度量，耦合度、方向性和隔离度之间有如下关系：

$$D = I - C$$

理想耦合器有无穷大的方向性和隔离度。但是在工程设计上，想要做到无穷大显然是不可能的，一般在使用上，定向耦合器的性能要根据其所在工作频段内中心频率处的耦合度、方向性及特征阻抗来确定。

当然，定向耦合器按照功率流向来划分还有反向定向耦合器，读者可按照上述表示符号自行理解。下面对定向耦合器进行分类介绍。

1. 波导定向耦合器

波导定向耦合器是微波领域最常见的一种传输线，也是最早被用来制作定向耦合器的结构之一。它由耦合机构相连接的两对传输线且截面为矩形的金属管构成，①-②称为主线，③-④称为副线，通过波导公用边上的小孔（或小槽）来实现耦合。实现这种耦合最简单的方法是在两个波导之间的宽壁上开一个小孔，这种耦合器称为 Bathe 孔耦合器，它主要有两种耦合方式，如图 2-2 所示。第一种耦合方式：通过小孔偏离波导边壁的距离 s 来控制定向耦合器不同端口之间的功率分配。第二种耦合方式：通过两个波导之间的角度 θ 来控制定向耦合器不同端口之间的功率分配。由小孔耦合理论可知，小孔可用电和磁偶极矩构成的等效源替代，法向电偶极矩和轴向磁偶极矩在副波导中的辐射具有偶对称性，而横向磁偶极矩的辐射具有奇对称性。因此，调节这两个等效源的相对振幅可以消除其在隔离端口的辐射，并增强其在耦合端口的辐射，从而获得理想的定向性。

近年来，对微波器件集成化和小型化的要求越来越高，需要对微波射频电路使用带状线、微带线等结构来制作定向耦合器。但由于带状线、微带线低功率容量的特点，在很多大功率场合，对波导的需求仍然很大。

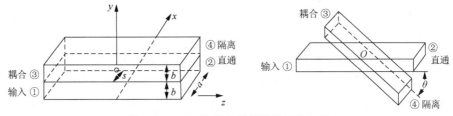

图 2-2　Bathe 孔耦合器的两种耦合方式

2. 耦合线定向耦合器

耦合线定向耦合器将耦合传输线，即两根无屏蔽的传输线紧靠在一起，由于电磁场的相互作用，电磁能量从一根线耦合到另一根线，两线之间产生耦合功率，即从端口①输入的信号的一部分传输到端口②，一部分耦合至副线，由端口③输出，端口④无输出。这一特性就产生了一类宽带平面定向耦合器。其中，单节定向耦合器的结构和端口定义如图 2-3 所示，这种类型的耦合器最适合于弱耦合场合，原因在于强耦合场合要求传输线之间的间距很小，这点在工程上很难实现，并且奇模和偶模特性阻抗的数值过大或过小而不切实际。由于定向耦合器中的耦合线的长度需要是 $\frac{1}{4}\lambda_g$，因此单节定向耦合器在带宽上是受限的，可以采用多节结构来增加带宽。

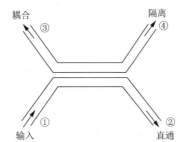

图 2-3　单节定向耦合器的结构和端口定义

3. 微带分支线定向耦合器

微带分支线定向耦合器也称分支电桥，它是由主线、副线及若干耦合分支线构成的，其直通臂和耦合臂的输出之间有 90° 的相位差，在微波集成电路中有广泛的应用，特别是功率等分的 3dB 耦合器，其制作容易，而且它的输出端口位于同一侧，因而结构上易与同半导体器件结合，构成如平衡混频器、移相器和开关等集成电路。3dB 分支线定向耦合器与 3dB Lange 定向耦合器均是正交混合网络，其基本工作原理相同。

图 2-4 所示为一个典型的微带 3dB 分支线定向耦合器，各耦合分支线的长度为 $\frac{1}{4}\lambda_g$，若该耦合器的各端口均接匹配负载，且信号自端口①输入，则从理论上来讲，在中心频率处，端口④将无输出，它成为隔离端口，而端口②和端口③的输出在相位上相差 90°，功率大小相等。需要注意的是，分支线定向耦合器具有高度的对称性，任意端口都可以成为输入端口，输出端口总是在与网络的输入端口相反的一侧，而隔离端口是输入端口同侧的余下端口，因此使用十分方便。而在实际工程中，由于工艺条件的限制，其电路结构不可能做到完全对称，端口④也不可能做到完全隔离，它或多或少都会有点儿输出。

微带分支线定向耦合器虽然设计加工比较简单，但其频率窄、性能较差。这是因为它的介质是非均匀的，部分是介质基板层，部分是空气，这就导致耦合器微带线上的奇模和偶模相速不等、波长不等，从而引起耦合的定向性变差。由于单分支线定向耦合器设计所依据的所有公式都是假设定向耦合器工作于中心频率对应的波长，偏离中心频率时，驻波和隔离就会变差，耦合度也将偏离中心频率，因此，微带分支线定向耦合器的带宽是有限的。因为各耦合分支线的长度都是 $\frac{1}{4}\lambda_g$，所以其体积一般较大。

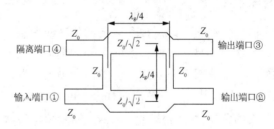

图 2-4 典型的微带 3dB 分支线定向耦合器

4. 交指型耦合器

为了达到 3dB 或 6dB 的耦合度，普通的耦合线定向耦合器的耦合都太松了。提高边缘耦合的一种方法是将耦合的两条导体带分裂成指状，交替安置，构成如图 2-5 所示的交指型耦合器，也称 Lange 定向耦合器。图 2-5（a）所示为折叠交指型耦合器，为了达到紧耦合，此处用了相互连接的 4 根耦合线。在某些应用中，耦合线数量也可以大于 4，这种耦合器通常设计成 3dB 耦合度，并有一个倍频程或更宽的带宽，这种设计有助于补偿偶模和奇模相速的不相等，易于用微带电路实现。端口②和端口③之间有 90° 的相位差，因此交指型耦合器也是正交混合网络的一种。交指型耦合器有许多特点，如体积小，与双耦合线器件进行比较，它的线距较大；与微带分支线定向耦合器进行比较，它的带宽也大很多。它的主要缺点是这些耦合线很窄，又靠得很紧，因此加工难度很大，而要横跨在线之间的必需的连接线的加工也很困难。图 2-5（b）所示为不能折叠的交指型耦合器，其基本原理同折叠交指型耦合器，不过它很容易用一个等效电路进行模拟化。

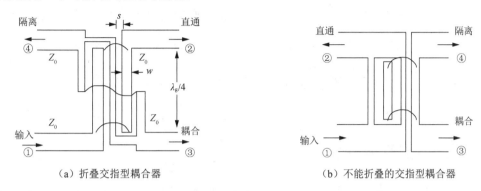

（a）折叠交指型耦合器　　　　　　　（b）不能折叠的交指型耦合器

图 2-5　交指型耦合器

5. 混合环定向耦合器

与微带分支线定向耦合器及交指型耦合器不同，混合环定向耦合器是一种 180°混合网络，它是一种在两个输出端口之间有 180°相移的四端口网络，既可以工作在同相输出端又可以工作在反相输出端。如图 2-6 所示，端口①的信号将在端口②和端口③处被均分成两个同相分量输出，而端口④被隔离；端口④的信号将在端口②和端口③处被均分成两个反相分量输出，而端口①被隔离。因此，端口①和端口④是彼此隔离的。同样，端口②和端口③也是彼此隔离的，无论从哪个端口输入信号，仅在端口②和端口③处有同相或反相输出，而端口①和端口④处没有输出。

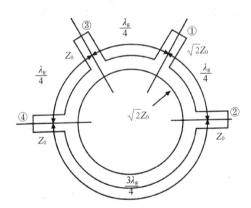

图 2-6　微带 3dB 混合环定向耦合器

混合环定向耦合器的两个输出端口的输出功率分配从理论上来讲可以是任意的。但实际上，由于工艺的限制，功率分配比相差悬殊的混合环因部分电路的阻抗太大而很难实现。实践中最常用的混合环是输出功率相等的 3dB 混合环。工艺上可以实现的混合环的功率分配比的上限大约为 3∶1，即 6dB 混合环，分配比更大的混合环定向耦合器就难以实现了。

　　等功率反相输出的 3dB 混合环与波导魔 T 具有相同的性质，因此有时也将其叫作魔 T。它的用途与 3dB 分支线定向耦合器相似，但它的工作带宽与隔离等方面的性能比分支线定向耦合器更好。由于两个输出端口并没有位于同一侧，因此给连接半导体器件带来了一些困难，它在这一点上不如分支线定向耦合器方便。

　　混合环定向耦合器的带宽尽管比分支线定向耦合器的带宽宽，但是因其尺寸与波长有关，特别是 $\frac{3}{4}\lambda_{\mathrm{g}}$ 线段对频率更敏感，所以它的相对带宽通常只有 20%～30%。但是如果将混合环的结构稍加更改，用一段 270° 耦合线代替对频率敏感的 $\frac{3}{4}\lambda_{\mathrm{g}}$ 线段，则可以获得比原来宽得多的带宽。

2.1.2　IE3D 设计环境概述

　　本章采用 IE3D 仿真优化软件，根据设计指标，确定采用 3 阶非对称定向耦合器结构，通过加载额外的分支线来提高耦合器的方向性。设计中采用的介质基板层为 Rogers 4350B，其厚度为 0.508mm、介电常数为 3.66；微带线金属层位于微带表面；端口设置为 50Ω。对称多节定向耦合器在 IE3D 中的模型如图 2-7 所示。

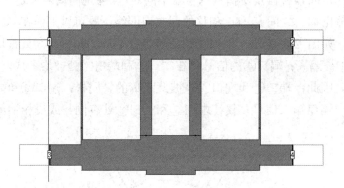

图 2-7　对称多节定向耦合器在 IE3D 中的模型

　　设计中采用 IE3D，并应用其独特的非均匀网格剖分的技术手段，更精确、全面地仿真优化了所建模型。在创建模型的过程中，采用了画线成面、复制移动、复制镜像、长方形创建等技术手段，求解初始频率设置为 6GHz，终止频率设置为 12GHz，扫频设置为快速扫描，点数设置为 501；在设计过程中，采用了自动网格分析技术，数据的后期处理主要是查看 S 参数扫频曲线及优化处理。下面具体介绍对称多节定向耦合器在 IE3D 中的设计过程。

　2.2　创建定向耦合器模型的 IE3D 环境

2.2.1　运行 IE3D 新建工程

　　双击安装好的 IE3D 的"Program Manager"快捷图标，打开软件。如图 2-8 所示，在弹出的"HyperLynx 3D EM Program Manager Licen…"对话框中选择"HyperLynx 3D EM Designer"选项，单击"OK"按钮。选择"HyperLynx 3D EM Designer"→"Mgrid"选项，打开 IE3D 主界面。

图 2-8　IE3D 启动界面

选择"File"→"New"选项，或者单击工具栏中的 □ 图标，新建工程，弹出"Basic Parameters"对话框，如图 2-9 所示。接下来需要设置一些基本参数，将"Length"选区中的"Unit"设置为"mm"。

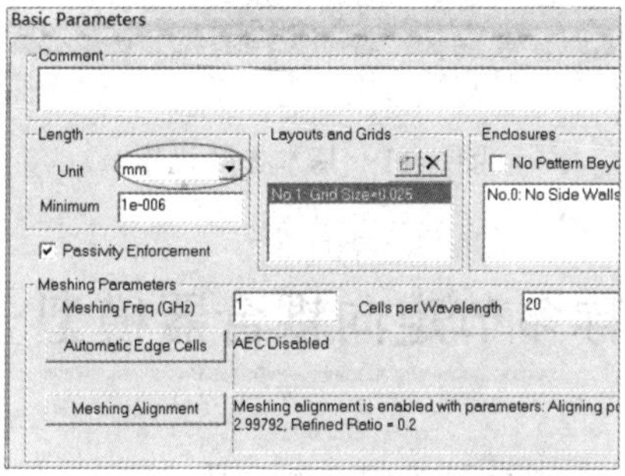

图 2-9　"Baisc Parameters"对话框

2.2.2　介质基板层参数设置

在"Basic Parameters"对话框的"Substrate Layers"选项卡下单击 ▬ 按钮，插入介质基板层，进入"Add Substrate Layer 1 by Thickness"对话框，按图 2-10 设置介质基板层的厚度及介电常数，"Substrate Thickness"设置为"0.508"，"Dielectric Constant,Epsr"设置为"3.66"，单击"OK"按钮，完成设置。

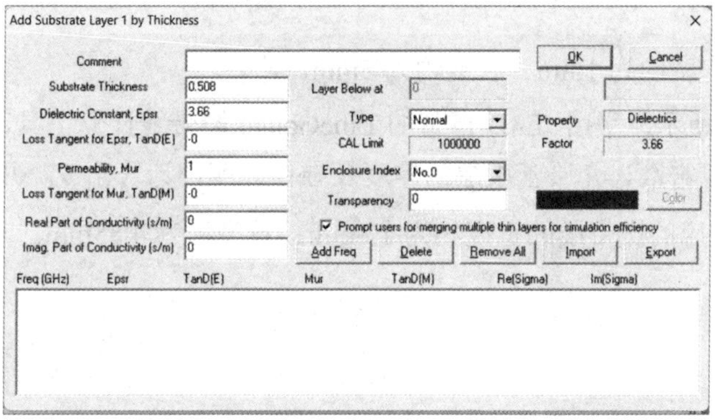

图 2-10　"Add Substrate Layer 1 by Thickness"对话框

如图 2-11 所示，回到"Basic Parameters"对话框，单击"OK"按钮，完成基本参数设置。

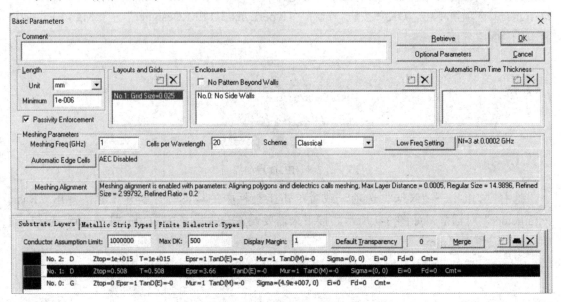

图 2-11　基本参数设置

 ## 2.3　创建对称多节定向耦合器模型

本节设计的微带分支线定向耦合器的中心频率为 9GHz，介质基板层采用罗杰斯的 Rogers 4350B，厂家给出的设计用介电常数 Er=3.66，介质损耗角正切值 tan$D$=0.0037，介质厚度 H=20mil=0.508mm，导体厚度 T=1oz=0.0035mm，导体的电导率 Cond=5.8×10^{7}S/m。

2.3.1　原理图设计

（1）根据图 2-4，选择"IE3D-SSD"→"LineGauge"选项，打开"LineGauge:A Complete Transmission Line Analysis and Synthesis Tool"对话框，如图 2-12 所示。按照要求输入微带线的中心频率、介电常数、介质基板层的厚度及导体厚度，计算出 Z_c≈50Ω、电长度为 90°（$\frac{1}{4}\lambda_g$）时对应的微带线的宽度约为 1mm、长度约为 5mm。

（2）如图 2-13 所示，采用 IE3D 自带的 LineGauge 微带线计算工具，按照要求输入微带线的中心频率、介电常数、介质基板层的厚度及导体厚度，计算出 $Z_c/\sqrt{2}$≈35.355Ω、电长度为 90°（$\frac{1}{4}\lambda_g$）时对应的微带线的宽度约为 1.8mm、长度约为 4.85mm。

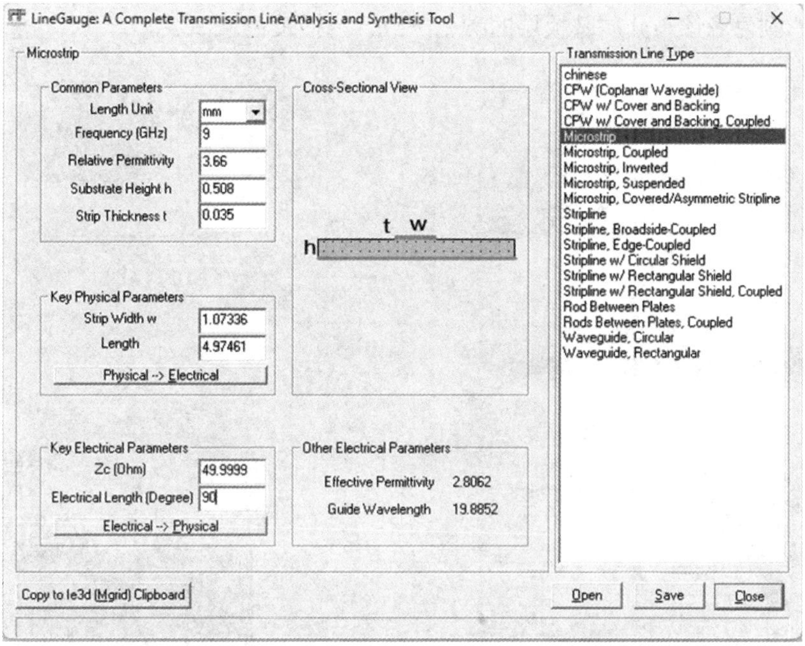

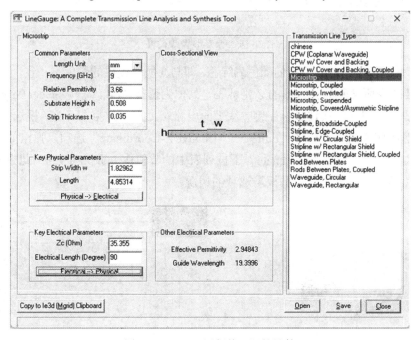

图 2-12　"LineGauge:A Complete Transmission Line Analysis and Synthesis Tool"对话框

图 2-13　35Ω（近似值）阻抗计算

（3）根据步骤（1）、（2）中计算所得的参数值，建立相应的电路原理图，具体步骤如下。

如图 2-14 所示，首先绘制一个长为 2mm、宽为 1mm 的长方形：首先单击快捷按钮中的"长方形"按钮，如图 2-14（a）所示；之后弹出如图 2-14（b）所示的界面，输入所需长方形的长度和宽度。需要注意的是，Z 坐标轴的参考位置一定是介质基板层的厚度，此时为 0.508mm，如图 2-14（c）所示。至此，长方形已经绘制完成，如图 2-14（d）所示。此时，长方形的颜色应该与介质基板层的颜色一致，为橘黄色。

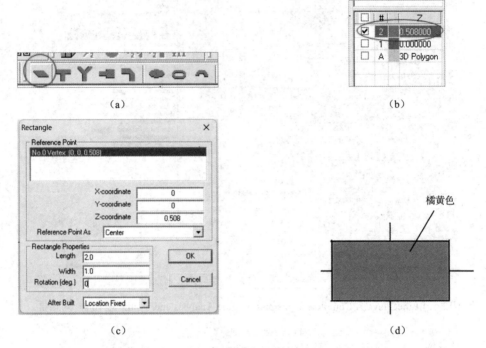

图 2-14   长方形参数设置

反之，若此时绘制出的长方形的颜色为绿色，即与介质基板层的颜色不一致，如图 2-15（a）所示，则需要改变所绘制的长方形的 Z 坐标轴，具体为选择"Edit"→"Select Polygon Group"选项或单击快捷按钮 ，按住鼠标左键，从平面电路左上方下拉至右下方，框选整个长方形，此时，长方形将变成黑色，选择"Edit"→"Change Z-Coordinate"选项，弹出如图 2-15（b）所示的对话框，将"New Z-Coordinate"下拉列表中的数值由 0 改为 0.508。此方法适用于所有需要将电路层选项调整至介质基板层选项的情况。

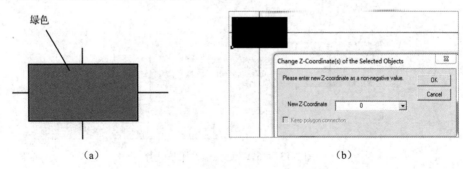

图 2-15   改变 Z-Coordinate

然后按照原理图继续绘制，绘制出一半图形，如图 2-16（a）所示。此时，用镜像对称功能直接绘制出另外一半图形：首先单击快捷按钮 ，选中界面中的所有图形；然后选择"Edit"→"Copy and Reflect"选项，弹出"Reflection Angle"对话框，如图 2-16（b）所示。由于我们所需的是以 Y 坐标轴为对称轴的对称图形，因此将"Object Reflection Angle"数值框中的角度数值改为 180, 单击"OK"按钮, 将出现如图 2-16 (c) 所示的图形。

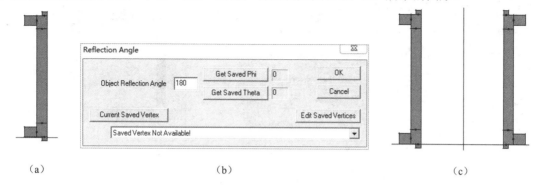

(a)   (b)   (c)

图 2-16 镜像对称结果

如图 2-17 所示, 此时仅需按照之前计算的宽度为 1.8mm、长度为 4.85mm 绘制出一个长方形, 并以 X 坐标轴为对称轴进行对称, 并用这两个长方形分别连接图 2-16 (c) 中的两个图形即可。

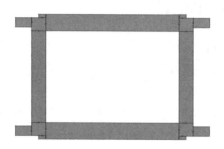

图 2-17 对称 1 阶定向耦合器的 IE3D 设计模型

2.3.2 添加端口

由于定向耦合器是四端口器件, 因此需要添加 4 个端口。首先选择"Port"→"Port for Edge Group"选项, 或者单击快捷按钮 ; 然后选择所需添加端口的边界线, 如图 2-18 (a) 所示; 接着单击快捷按钮 , 在弹出的对话框中直接单击"OK"按钮, 如图 2-18 (b) 所示; 最后依次单击 4 条边界线, 此时便出现 4 个端口, 表示端口添加成功, 如图 2-18 (c) 所示。

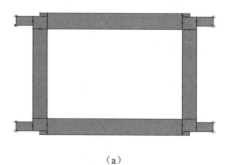

(a)

图 2-18 添加端口

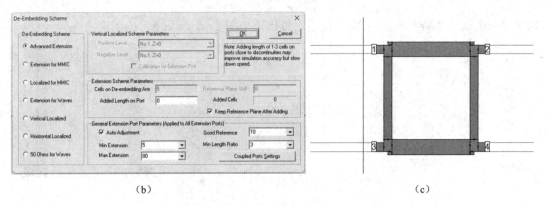

（b）　　　　　　　　　　　　　　　（c）

图 2-18　添加端口（续）

2.4　定向耦合器 IE3D 运行仿真分析

2.4.1　定向耦合器模型初步仿真

端口设置完成后，需要进行初步仿真，并利用 IE3D 的优势对其进行仿真分析。选择"Process"→"Simulate"选项，或者单击快捷按钮 ，弹出"Simulation Setup"对话框，如图 2-19（a）所示。设置"Meshing Freq"为"24"。一般情况下，将"Meshing Freq"设置为终止频率的 2 倍，由于这里的终止频率为 12GHz，因此将其设置为 24GHz。在"Frequency Parameters"选区中单击"Enter"按钮后，弹出"Enter Frequency Range"对话框，如图 2-19（b）所示。输入求解频率 6~12GHz 及求解点数 501，单击"OK"按钮。

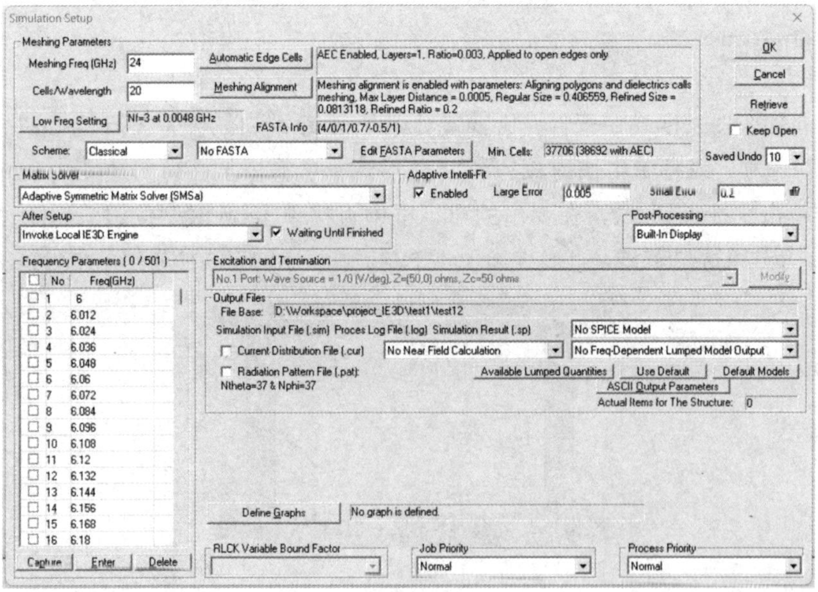

（a）

图 2-19　基本参数设置

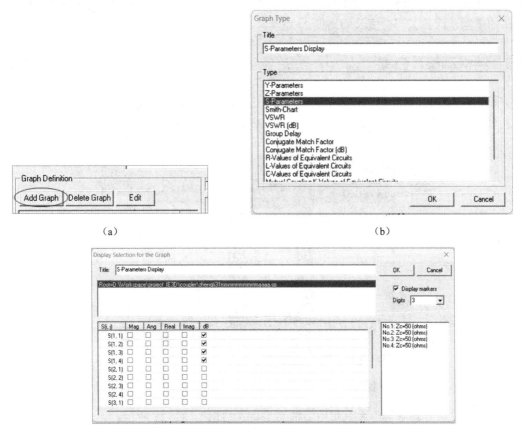

（b）

图 2-19　基本参数设置（续）

单击"OK"按钮后，IE3D 仿真器开始运行。仿真完成后，选择"Process"→"S-Parameters and Lumped Equivalent Circuit"选项，弹出"S-Parameters and Frequency Dependent Lumped Element Models"对话框。单击"Graph Definition"选区中的"Add Graph"按钮，如图 2-20（a）所示，弹出"Graph Type"对话框，如图 2-20（b）所示。在"Type"选区的列表框中选择"S-Parameters"选项，单击"OK"按钮。在接下来弹出的"Display Selection for the Graph"对话框中勾选"S[1,1]""S[1,2]""S[1,3]""S[1,4]"对应的"dB"列的复选框，如图 2-20（c）所示。单击"OK"按钮，返回"S-Parameters and Frequency Dependent Lumped Element Models"对话框。单击"Close"按钮，即可出现如图 2-21 所示的 IE3D 中的初步仿真结果。

（a）　　　　　　　　　　　　　（b）

（c）

图 2-20　查看 S 参数仿真结果的操作步骤

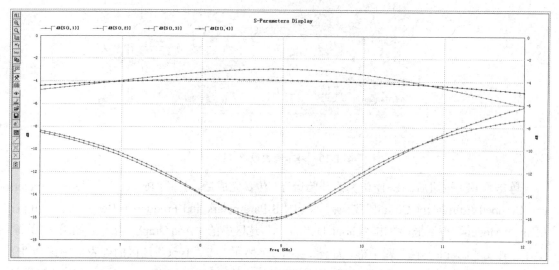

图 2-21　IE3D 中的初步仿真结果

　　IE3D 中的初步仿真结果和实际想要的频率差不了太多，但是显然，通过积累的工程经验，此定向耦合器的带宽、耦合度及隔离度都不太理想，即使利用 IE3D 的优化优势，对此规整、对称的电路进行优化仿真，也很难得到我们想要的结果。此时，需要通过增加阶数来增大整个电路的带宽，改善其耦合度及隔离度。

2.4.2　结构调整及仿真

　　如图 2-22 所示，为了增大整个电路的带宽，改善其耦合度及隔离度，采用 3 阶定向耦合器的 IE3D 设计模型。同理，按照 1 阶定向耦合器的设计方式进行设计。

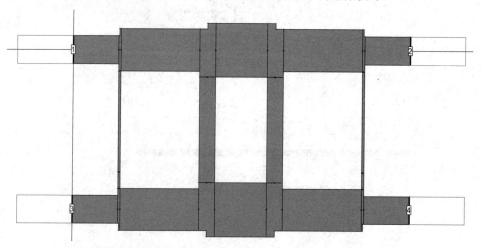

图 2-22　3 阶定向耦合器的 IE3D 设计模型

添加端口并设置频率等一系列参数后的初步仿真结果如图 2-23 所示。

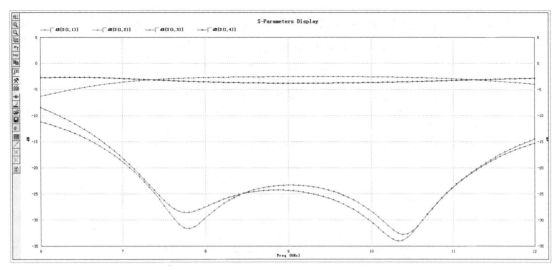

图 2-23　初步仿真结果

　　通过比较此结果和 1 阶定向耦合器的结果，显然，带宽明显增大，端口 2 的耦合度、端口 3 的隔离度均有了明显改善。

 ## 2.5　定向耦合器的优化

　　利用 IE3D 的优势对此规整对称的电路进行优化仿真。

2.5.1　优化变量设置

　　选择 "Edit" → "Select Vertices" 选项或单击快捷按钮 ，按住鼠标左键，下拉选中输入端的端点。选择 "Optim" → "Variable For Selected Objects...选项，进入 "Optimization Variable Definition" 对话框，如图 2-24（a）所示。将 "Tuning Angle" 设置为 "90"，意思是在 Y 方向上变化，单击 "OK" 按钮。往下拖动抽头一小段距离，弹出 "Set Low Bound" 对话框，可以在数值框中输入一个合适的值，即变量下边界，如图 2-24（b）所示，单击 "OK" 按钮；往上拖动抽头一小段距离，会弹出 "Set High Bound" 对话框，输入数值，如图 2-24（c）所示。

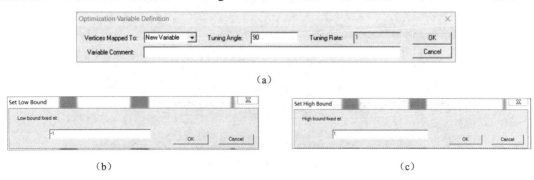

图 2-24　设置抽头优化变量区间

如图 2-25 所示，在"Defining No.1 Variable Finished"对话框中单击"Continue Without Action"按钮，完成输入抽头的优化变量设置。

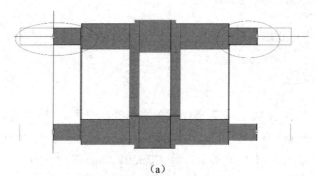

图 2-25   "Defining No.1 Variable Finished"对话框

如图 2-26 所示，设置输出抽头关于 X 轴对称优化变量。与输入抽头优化变量相对应，将其设置为输入抽头的对称优化变量，同理，选择"Edit"→"Select Vertices"选项或单击快捷按钮，选中输出抽头，选择"Optim"→"Add Selected Objects to Variable..."选项，确认"Vertices Mapped To"为"No.1 Variable"，设置"Tuning Angle"为"90"，单击"OK"按钮，完成第一组优化变量设置。单击"Continue Without Action"按钮，关闭第一组优化变量设置对话框。

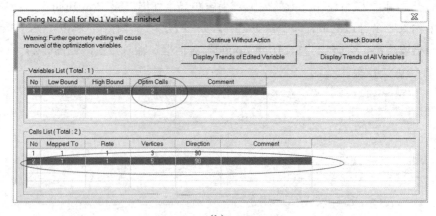

图 2-26   设置输出抽头关于 X 轴对称优化变量

　　同理，由于 4 个端口是完全对称的，因此，将剩下的两个端口的变量直接关联到第一个变量上，如图 2-27 和图 2-28 所示。

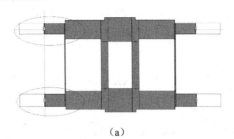

（a）

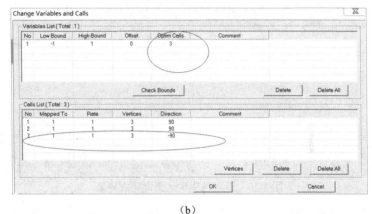

（b）

图 2-27　设置输出抽头关于 Y 轴对称优化变量

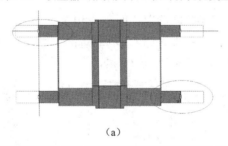

（a）

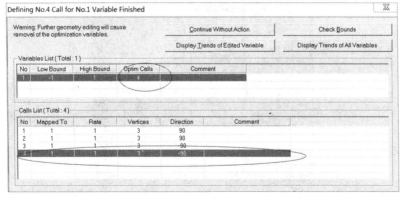

（b）

图 2-28　设置输出抽头关于 X、Y 轴对称优化变量

    按照以上步骤可以同时设置抽头的长度，此时，4 个端口的抽头应该也是以相同的方式变化的。同理，先将抽头的长度设置为变量 2，然后只需将端口 2、3、4 的抽头长度关联到变量 2 上即可。但与上述不同的地方在于，此时的关联是关于 Y 轴对称的关联，即"Tuning Angle"不再是"90"，而应该是"180"，如图 2-29 所示。

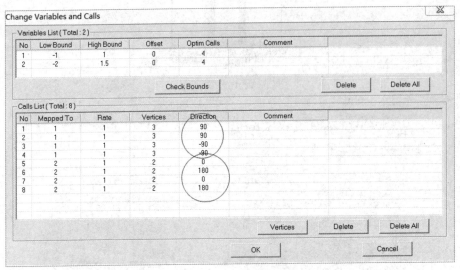

图 2-29　设置抽头优化变量完成界面

    同理，可以依次设置第二个、第三个、第四个变量，将其他 3 个端口对应地设置为对称变量，最终有 6 组谐振器对称优化变量，如图 2-30（a）所示。选择"Optim"→"Geometry Tuning..."选项，可以看到 2D 和 3D 图像，如图 2-30（b）所示。单击"Variables Sliders"选项卡，拖动滑块上下调节，可以看到 2D 和 3D 图像优化变量的对称变化，检查有无冲突交叉处。选择"Optim"→"Change Variables and Calls..."选项，可以修改优化变量的上、下边界。

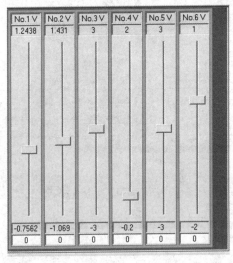

（a）

图 2-30　检查优化变量

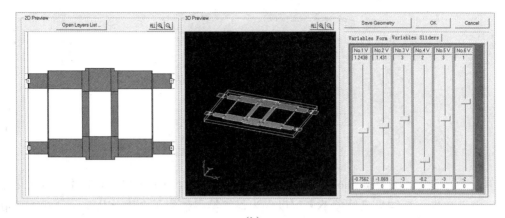

（b）

图 2-30　检查优化变量（续）

2.5.2　优化目标设置

检查无误后，选择"Process"→"Optimize"选项或单击快捷按钮 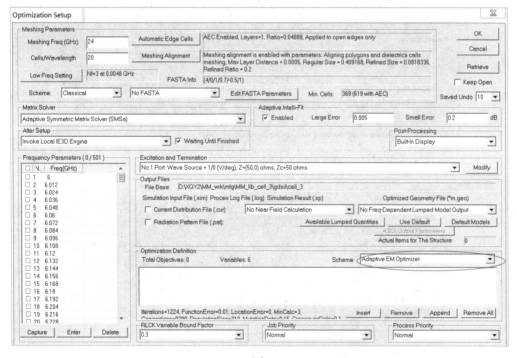，进入"Optimization Setup"对话框。

如图 2-31（a）所示，在"Optimization Definition"选区中，将"Scheme"下拉列表中的"Adaptive EM Optimizer"改为"Powell"，因为前者的仿真速率太低。在弹出的如图 2-31（b）所示的"Optimization Control Parameters"对话框中，直接单击"OK"按钮即可。

（a）

图 2-31　优化设置

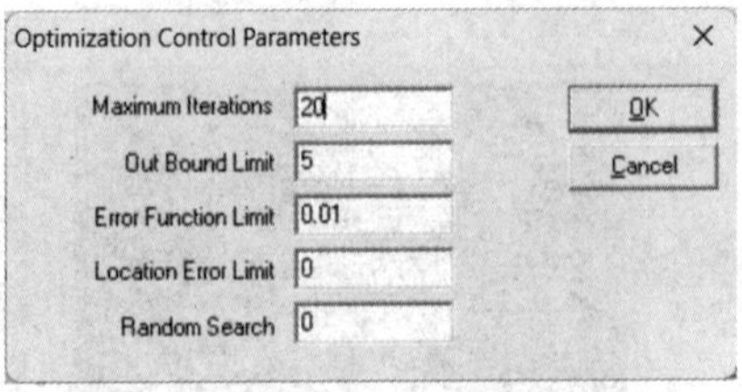

(b)

图 2-31　优化设置（续）

单击"Optimization Definition"选区中的"Insert"按钮，在打开的对话框中进行优化目标设置。由于初步仿真结果已经差不多可以作为最终结果使用了，因此从 $S_{11}<-25dB$ 开始设置，如图 2-32（a）所示。同理，设置另外 3 个优化目标，即端口 2 的耦合度 S_{12}、端口 3 的隔离度 S_{13}、端口 4 的耦合度 S_{14}，如图 2-32（b）～（d）所示。

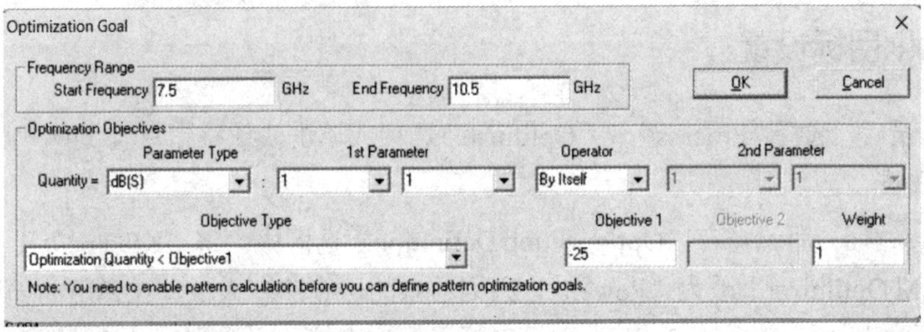

(a)

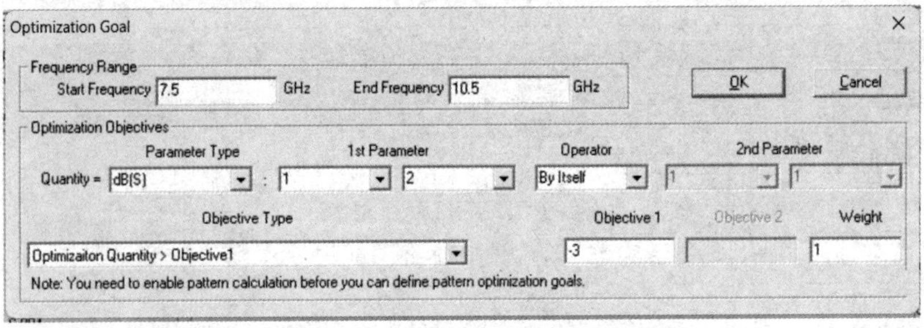

(b)

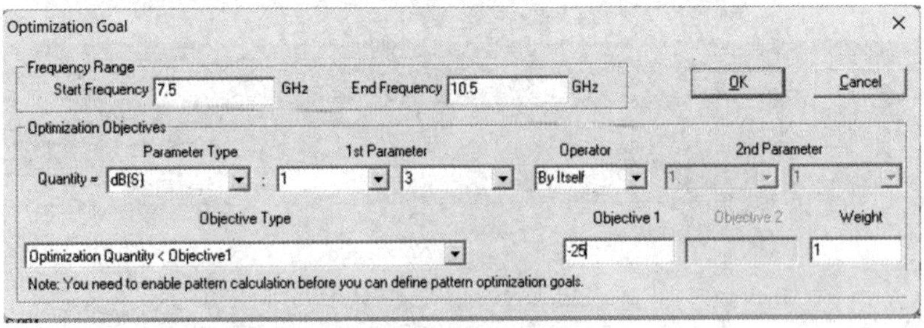

(c)

图 2-32　优化目标设置

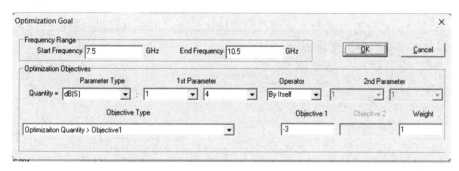

（d）

图 2-32　优化目标设置（续）

　　优化目标设置完成后，确认"Frequency Parameters"列表框中的求解频率范围，在"Optimization Setup"对话框中单击"OK"按钮［见图 2-33（a）］，开始优化，进入优化中的界面，如图 2-33（b）所示。

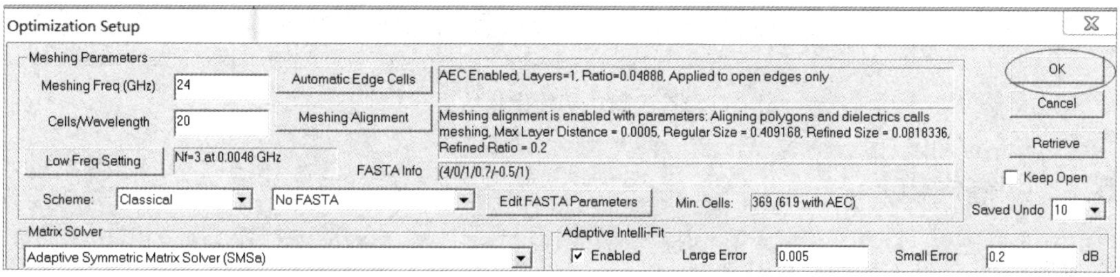

（a）

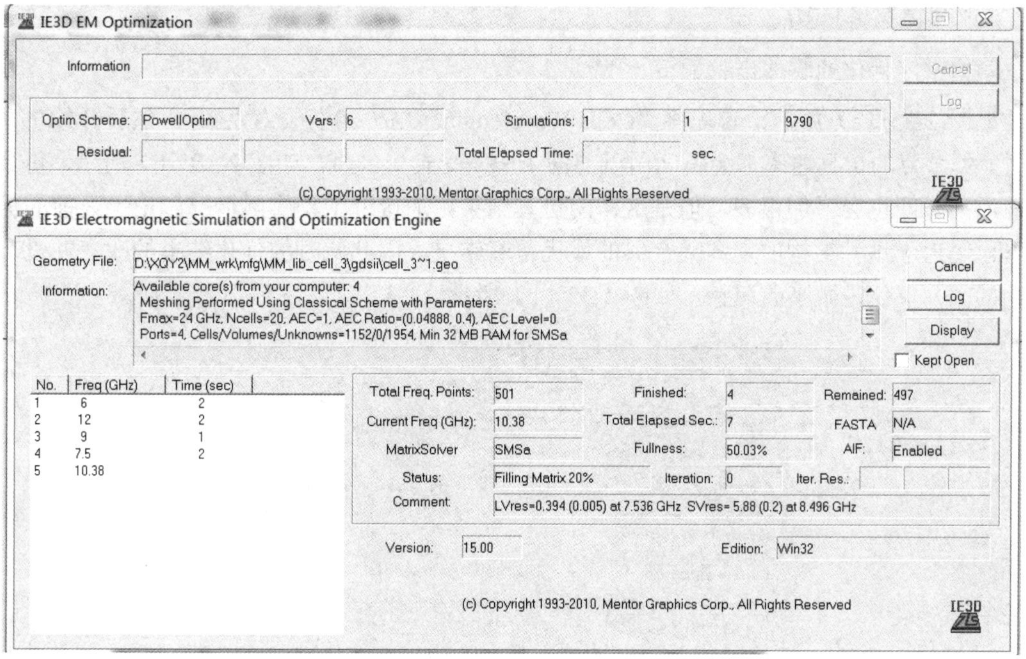

（b）

图 2-33　确认求解频率范围并开始优化

如图 2-34 所示，查看结果后可以再次调整优化目标，但由于这里所得的初始优化结果就很不错，因此不需要再增大优化程度。

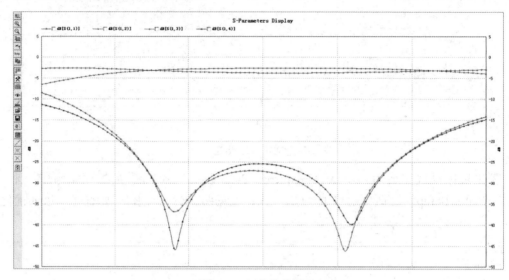

图 2-34   初始优化结果

2.5.3   网格优化

本节主要介绍 3 种网格优化方式。

1. 网格密度优化

网格密度优化的具体步骤如下。

如图 2-35（a）所示，首先将"Cells/Wavelength"由"20"改为"40"，然后开始仿真。此时，每个点的仿真速率都会瞬间由以前的 1～2s 变成 9～10s，如图 2-35（b）所示，仿真一次所需的时间也会增加很多，但是这样的仿真结果更加接近工程实际情况。由于之前的优化仿真已趋近于这种结构的定向耦合器的最优仿真结果，因此此时的优化结果的改变并没有想象中的大，仅仅是微小的调整，如图 2-35（c）所示。

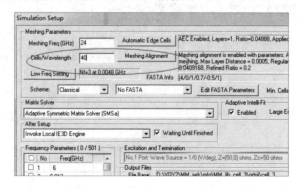

（a）

图 2-35   网格密度优化

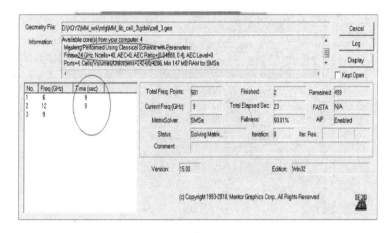

（b）

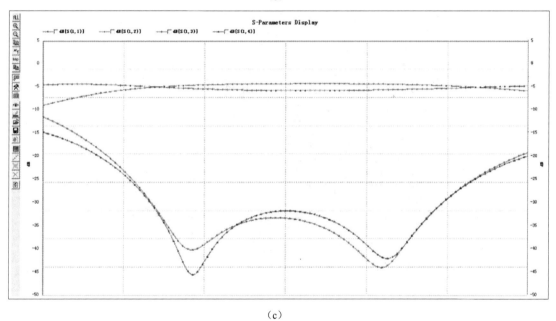

（c）

图 2-35　网格密度优化（续）

2. 自动网格优化

自动网格优化（AEC）优于网格密度优化，其具体步骤如下。

首先将"Cells/Wavelength"由"40"改回"20"，这样做是为了减少仿真时间；然后单击"Automatic Edge Cells"按钮［见图 2-36（a）］，弹出"Automatic Meshing Parameters"对话框，将"Automatic Edge Cells Parameters"选区的"AEC Layers"设置为"1"，并改变"AEC Ratio"的值，让"Width"约为最小线宽的 1/10，如图 2-36（b）所示。此时，"AEC Ratio"的值为0.04888，单击"OK"按钮，并单击"Simulation Setup"对话框中的"OK"按钮，之后的仿真结果即最终的自动网格优化结果，，如图 2-36（c）所示。

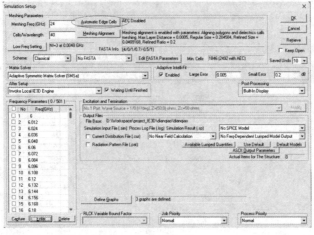

（a）

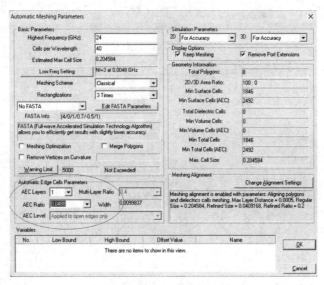

（b）

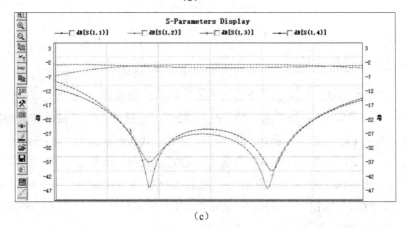

（c）

图 2-36　自动网格优化

3．手动网格优化

手动网格优化较前两种网格优化方式更加精确和复杂，针对复杂工程，仿真时间可能需要数个小时，但是其能够快速且精确地得出仿真结果，这是 IE3D 仿真器优于其他软件的特色之一。由于本节的工程很小，因此无法体现出手动网格优化的优点，但是读者可以从此步骤中学习如何进行手动网格优化，并将此方式应用于其他工程文件。手动网格优化的具体步骤如下。

（1）由于手动网格优化需要人为进行网格划分，因此要求所需划分的区域必须是长方形，不可以是不规则的多边形，因为手动划分出来的网格均为长方形。首先，这个 3 阶定向耦合器的 IE3D 设计模型并不是由完完全全的长方形所构建的，如图 2-37 所示，故需要先将整体划分为各个方块，以便于手动进行网格划分。

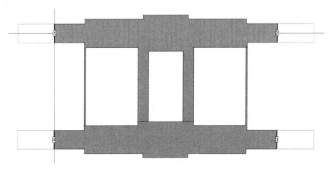

图 2-37　未分块的原理图

如图 2-38（a）所示，首先单击快捷按钮![icon]，然后单击主界面。如图 2-38（b）所示，此时快捷按钮![icon]点亮，单击此按钮，并将鼠标指针放回抽头的垂直线处单击。如图 2-38（c）所示，单击快捷按钮![icon]，在弹出的"Separate Polygon Setup"对话框中单击"OK"按钮即可，如图 2-38（d）所示。此时，第一块长方形被画了出来。按照此方法对整个未分块原理图进行分块，最终得到如图 2-39 所示的电路图。

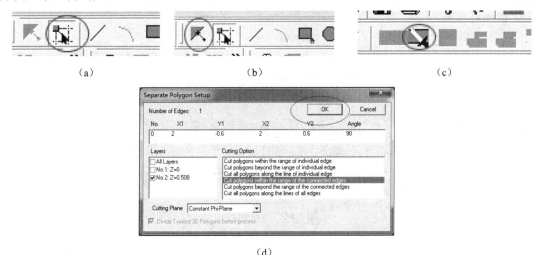

图 2-38　原理图分块过程

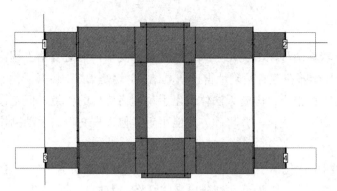

图 2-39   最终分块完成的电路图

（2）分块完成后，开始给整个原理图加网格。首先单击快捷按钮 ，将整个界面内的全部原理图都选中；然后选择"Adv Edit"→"Mesh and Merge"→"Mesh Selected Polygons"选项，弹出"Mesh Selected Polygons"对话框。此时，将"Mesh Size"设置为"30"，并将"Meshing Scheme"设置为"Classical"，单击"OK"按钮即可，如图 2-40 所示。

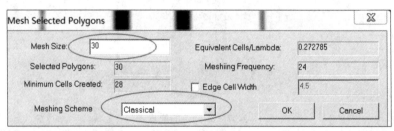

图 2-40   "Mesh Selected Polygons"对话框

（3）首先单击快捷按钮 ，选中主界面中的整个原理图；然后选择"Edit"→"Add Edge Vertex"选项，弹出"Adding Edge Vertex Options"对话框，如图 2-41（a）所示。此时，选择"Any Non-180 Degree Vertices"和"Both"两个选项，并将"Edge Cell Width"设置为原理图最小线宽的 1/10，之后单击"OK"按钮。如图 2-41（b）所示，主界面中出现的原理图的很多块将加粗显示。

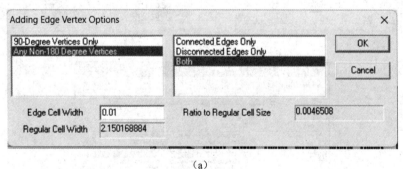

（a）

图 2-41   网格化过程

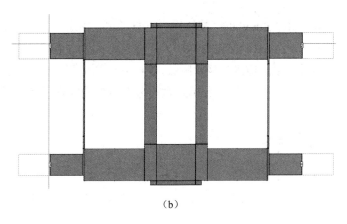

（b）

图 2-41 网格化过程（续）

（4）首先单击快捷按钮 ，将弹出 "Automatic Meshing Parameters" 对话框，如图 2-42（a）所示，直接单击 "OK" 按钮；然后会弹出 "Statistic of Meshed Structure" 对话框，如图 2-42（b）所示，直接单击 "Continue" 按钮即可。最终的网格化结果如图 2-42（c）所示。

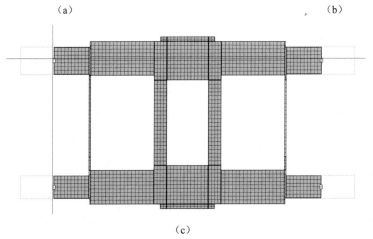

（a）   （b）

（c）

图 2-42 网格化完成

　　网格化完成之后，单击"Simulate"按钮进行仿真即可，由于之前的优化仿真结果已经很趋近于这种结构的定向耦合器的最优化目标了，因此这里的手动网格化分析便不再进行最终的优化仿真，因为仿真之后的结果和前两种网格优化分析的仿真结果差距不大。但是对于原理图复杂的工程，此处的手动网格优化分析还是十分有效果的，望读者可以自行学习。

2.6　最终结果

　　经原理图搭建、结构调整、最终的优化仿真，最终结果如图 2-43 所示。

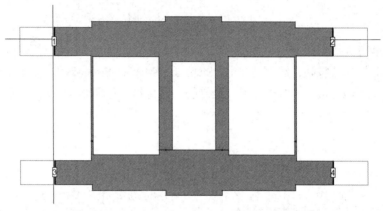

图 2-43　对称 3 阶定向耦合器的 IE3D 设计模型的最终结果

　　如图 2-44 所示，最终的仿真参数如下：中心频率为 9GHz，相对带宽为 33.3%，在 7.5～10.5GHz 的频段内，端口 1 的反射系数 S_{11}<-25dB，端口 2 的耦合度 S_{12}>-3dB，端口 3 的隔离度 S_{13}<-25dB，端口 4 的耦合度 S_{14}>-3dB，此结果在工程实践中已经很不错了。

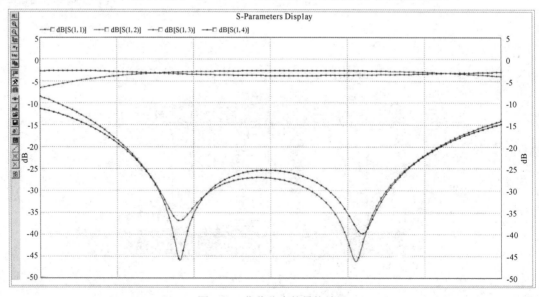

图 2-44　优化仿真的最终结果

总结　　本章通过对称多节定向耦合器的分析设计实例,详细讲解了在 IE3D 中如何快捷地创建模型, 以及通过仿真优化得到较为精确的结果, 以便之后导入 AutoCAD 进行处理, 最终进行实际加工。读者可以自行学习和掌握使用 IE3D 设计与分析宽带对称多节定向耦合器的具体流程, 并将设计好的电路处理为实际的加工模型。

第 3 章　微带滤波器设计与仿真

3.1　滤波器简介

滤波器是微波电路的重要组成部分，它一般是一个二端口网络，通过它在通带频率内传输信号并在阻带频率内衰减信号的特性来控制微波系统中某处的频率响应。

微带滤波器可以等效为开路 $\lambda/2$ 传输线，当微带线的长度是 $\lambda/2$ 或 $\lambda/2$ 的整数倍时，微带线有并联谐振电路特性，即半波长谐振器，谐振频率为 $f=nf_0$（n 为整数）。半波长谐振器最为常见的就是发夹型，发夹型滤波器是由发夹型谐振器并排排列耦合而成的，是将半波长耦合谐振器折合成 U 字形构成的。

根据耦合相关理论，两个谐振器之间的耦合根据谐振器放置的相对位置的不同，可分为电耦合、磁耦合和混合耦合 3 种，实际应用中多采用混合耦合。谐振器的间距和相对位置偏移决定了耦合系数的大小。

3.2　设计指标

中心频率：10GHz。

带宽：600MHz。

带内反射：$\leqslant-20$dB。

带外抑制：@9.6GHz$\geqslant$20dB；@10.4GHz$\geqslant$20dB。

本章滤波器的设计采用 Rogers 5880 介质基板层，它的基本参数如表 3-1 所示。

表 3-1

成分	介电常数	厚度/mm	介质损耗角正切值 tan$D$
PTFE 玻璃纤维	2.2	0.254	0.0009

3.3　特性阻抗微带线的宽度计算

使用 LineGauge 微带线计算工具，输入介质基板层的参数和滤波器的中心频率，可以算得 50Ω 微带线的宽度和 $\lambda/2$ 微带线谐振器的长度。具体设置步骤如下。

（1）选择"IE3D-SSD"→"LineGauge"选项，弹出"LineGauge:A Complete Transmission Line Analysis and Synthesis Tool"对话框，如图 3-1 所示。在"Transmission Line Type"列表框中选择"Microstrip"选项。

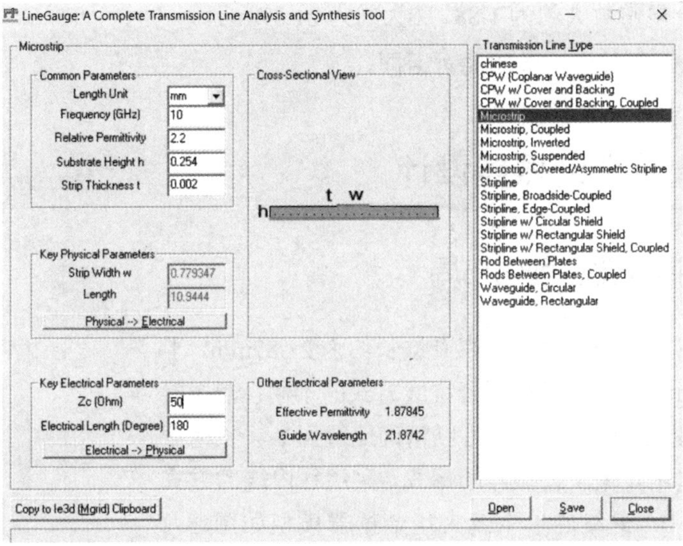

图 3-1　"LineGauge:A Complete Transmission Line Analysis and Synthesis Tool"对话框

在图 3-1 中，一共有 6 个选区，分别为"Common Parameters"（常规参数）、"Key Physical Parameters"（物理参数）、"Key Electrical Parameters"（电参数）、"Other Electrical Parameters"（其他电参数）、"Cross-Sectional View"（侧面排列视图）和"Transmission Line Type"（微带线类型）。

图 3-1 中各参数的具体释义如下。

Frequency(GHz)：中心频率。

Relative Permittivity：相对介电常数。

Substrate Height h：介质基板层的厚度。

Strip Thickness t：微带线的厚度。

Strip Width w：微带线的宽度。

Length：微带线的长度。

Zc(Ohm)：特性阻抗。

Electrical Length(Degree)：电长度。

Effective Permittivity：等效介电常数。

Guide Wavelength：波长。

（2）计算微带线的宽度和长度。

① 在"Common Parameters"选区中分别填入中心频率（10GHz）、相对介电常数（2.2）、介质基板层的厚度（0.254mm）、微带线的厚度（0.002mm）。

②　在"Key Electrical Parameters"选区中分别填入特性阻抗（50Ω）、电长度（180°）。

③　单击"Electrical-->Physical"按钮，在"Key Physical Parameters"选区中得到 50Ω 微带线的宽度大约为 0.78mm，λ/2（180°电长度）大约为 10.94mm；在"Other Electrical Parameters"选区中得到等效介电常数大约为 1.88，λ 大约为 21.87mm。

④　单击"Close"按钮，关闭此对话框。

3.4　单个谐振器设计

3.4.1　发夹型谐振器小型化布局

由 LineGauge 微带线计算工具得到波长约为 21.87mm，半波长约为 10.94mm。根据微带谐振器绕线方式的不同，谐振器的长度会有所改变，通过设计仿真可以精确地得到半波长谐振器的长度。这里选用发夹型谐振器的形式，采用往内绕的方式缩小谐振器的尺寸，最终的单个发夹型谐振器模型如图 3-2 所示。

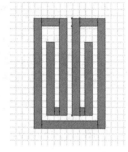

图 3-2　单个发夹型谐振器模型

3.4.2　创建 IE3D 新工程

（1）选择"IE3D-SSD"→"Mgrid"选项，进入 Mgrid 主界面，选择"File"→"New"选项或按 Ctrl+N 组合键，创建新工程，弹出如图 3-3 所示的"Basic Parameters"对话框。

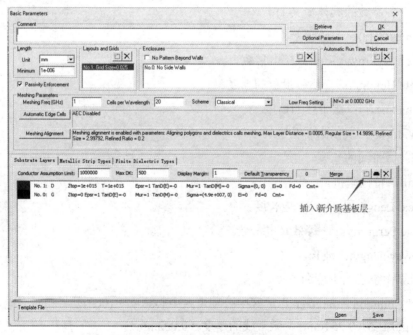

图 3-3　"Basic Parameters"对话框

"Basic Parameters"对话框中共有 8 项参数：①Comment，结构注释；②Length，长度单位及结构最小长度；③Layouts and Grids，用于线路图编辑的均匀网格系统参数；④Enclosures，结构边界壁设置；⑤Meshing Parameters，用于控制几何结构的网格剖分；⑥Substrate Layers，介质基板层和无限大地平面参数；⑦Metallic Strip Types，结构中使用的不同类型的金属微带线参数；⑧Finite Dielectric Types，3D 电介质和有限尺寸介质基板层的类型。

（2）在"Substrate Layers"选项卡中，No.0 层为默认的地平面，是电导率为 $4.9 \times 10^7 \mathrm{S/m}$ 的金质良导体，介电常数和磁导率都为 1；No.1 层为空气层，高度为无限大，表示上半空间充满空气。单击"Basic Parameters"对话框中的 ▣ 按钮，插入新介质基板层，弹出如图 3-4 所示的对话框。

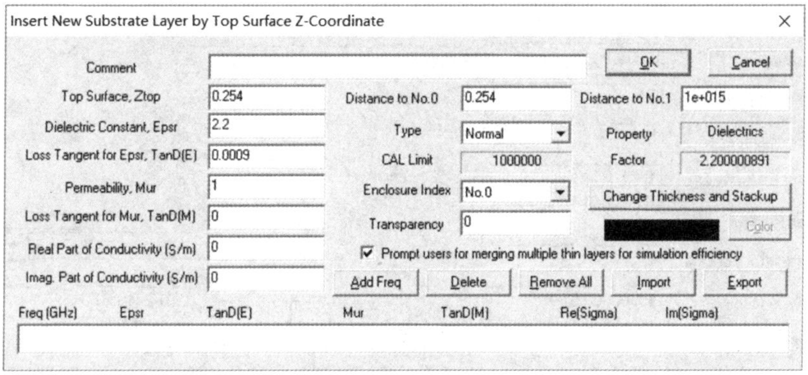

图 3-4　介质基板层参数设置对话框

其中的具体参数释义如下。

Top Surface, Ztop：顶面 Z 坐标。

Dielectric Constant, Epsr：介电常数。

Loss Tangent for Epsr, TanD(E)：电损耗正切。

Permeability, Mur：磁导率。

Loss Tangent for Mur, TanD(M)：磁损耗正切。

Real Part of Conductivity(S/m)：电导率的实部。

Imag. Part of Conductivity(S/m)：电导率的虚部。

（3）在"Top Surface, Ztop"数值框中输入 0.254，在"Dielectric Constant, Epsr"数值框中输入 2.2，在"Loss Tangent for Epsr, TanD(E)"数值框中输入 0.0009，其他选项保持默认设置，单击"OK"按钮，完成介质基板层参数设置。插入介质基板层后的"Substrate Layers"选项卡如图 3-5 所示，其中，No.0 层为默认的地平面，No.1 层为插入的介质基板层，No.2 层为空气层。

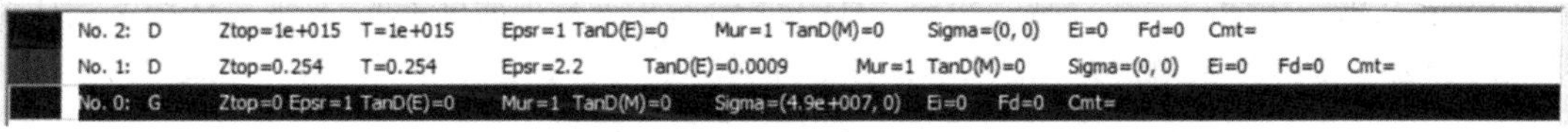

图 3-5　插入介质基板层后的"Substrate Layers"选项卡

（4）单击"Metallic Strip Types"选项卡，如图 3-6 所示。

图 3-6　"Metallic Strip Types"选项卡

双击铜参数一栏，弹出如图 3-7 所示的对话框。

图 3-7　微带线属性设置对话框

其中的具体参数释义如下。

Thickness, Tk：微带线的厚度。

Surface Roughness：表面粗糙度。

Dielectric Constant, Epsr：介电常数。

Loss Tangent for Epsr, TanD(E)：电损耗正切。

Permeability, Mur：磁导率。

Loss Tangent for Mur, TanD(M)：磁损耗正切。

Real Part of Conductivity：电导率的实部。

Imag. Part of Conductivity：电导率的虚部。

（5）在"Thickness, Tk"数值框中输入微带线的厚度（0.002mm），其他选项保持默认设置，单击"OK"按钮，设置完成。单击"Basic Paramcters"对话框中的"OK"按钮，完成微带线的设置，生成作图窗口，如图 3-8 所示。

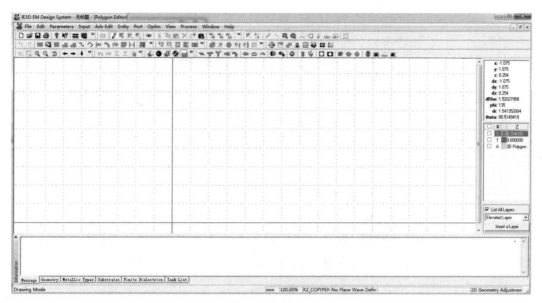

图 3-8　作图窗口

（6）选择"File"→"Save"选项，或者单击工具栏中的 🖫 按钮，将工程文件命名为"X_BF"。

3.4.3　基础微带线的绘制

当某层被选中时，这一栏会高亮显示，表示在这一层上作图，如图 3-9 所示，选中#2 层，在 0.254mm 的介质基板层上作图。

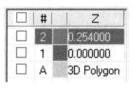

图 3-9　基板层颜色图

IE3D 的绘图功能丰富，可以通过多种方法绘制出多边形。常用以下 3 种方法创建微带线。

1．方法一

（1）选择"Edit"→"Draw"选项，或者单击工具栏中的快捷按钮 ✐ 。

（2）在作图窗口中，单击任意位置，确立第一个顶点。

（3）选择"Input"→"Key In Relative Location"选项或按 Shift+R 组合键，弹出如图 3-10 所示的"Keyboard Input Relative Location"对话框，在"X-offset"数值框中输入 0，在"Y-offset"数值框中输入-2.1，表示第二个顶点相对于第一个顶点的 Y 轴偏移距离为-2.1mm，单击"OK"按钮，得到第二个顶点。此时，生成一条长为 2.1mm 的线。

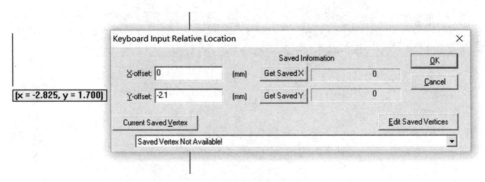

图 3-10　"Keyboard Input Relative Location"对话框

（4）右击空白处，在弹出的快捷菜单中选择"Build Path"选项，弹出如图 3-11 所示的对话框，在"Path Width"数值框中输入 0.15，单击"OK"按钮，生成一个长为 2.1mm、宽为 0.15mm 的长方形，单击工具栏中的快捷按钮 ALL，查看全图，如图 3-12 所示。

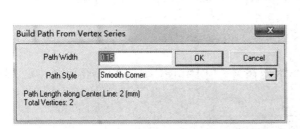

图 3-11　"Build Path From Vertex Series"对话框

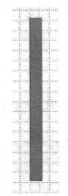

图 3-12　绘制的一条微带线的全图

2．方法二

选择"Entity"→"Rectangle"选项或单击工具栏中的快捷按钮 ，弹出如图 3-13 所示的"Rectangle"对话框，在"Length"数值框中输入长方形的长（0.15mm），在"Width"数值框中输入长方形的宽（2.1mm），单击"OK"按钮。

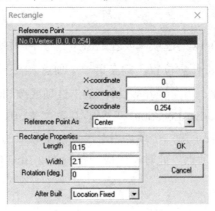

图 3-13　"Rectangle"对话框

3．方法三

（1）在作图窗口中，单击任意位置，确立第一个顶点。

（2）按 Shift+R 组合键，弹出如图 3-14（a）所示的对话框，在"X-offset"数值框中输入 0.15，单击"OK"按钮，得到第二个顶点。

按 Shift+R 组合键，弹出如图 3-14（b）所示的对话框，在"Y-offset"数值框中输入-2.1，单击"OK"按钮，得到第三个顶点。

按 Shift+R 组合键，弹出如图 3-14（c）所示的对话框，在"X-offset"数值框中输入-0.15，单击"OK"按钮，得到第四个顶点。

按 Shift+R 组合键，弹出如图 3-14（d）所示的对话框，在"Y-offset"数值框中输入 2.1，单击"OK"按钮，连接第一个顶点和第四个顶点，得到如图 3-12 所示的一条微带线。

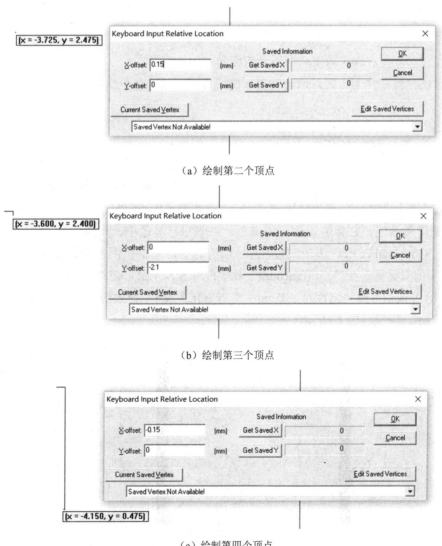

（a）绘制第二个顶点

（b）绘制第三个顶点

（c）绘制第四个顶点

图 3-14　方法三

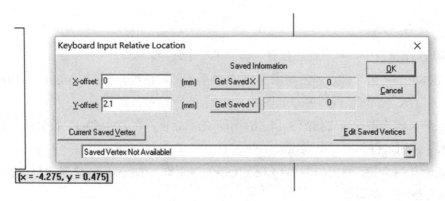

（d）连接第一个顶点和第四个顶点

图 3-14 方法三（续）

3 种方法的优/缺点比较如下。

（1）方法一适用于构造两点之间的长方形。

（2）方法二方便，操作简单，适用于构造简单的长方形。

（3）方法三操作略为烦琐，但是位置精确，适用于构造任意位置的长方形或任意形状的多边形。

3.4.4 单个谐振器的绘制

（1）按 3.4.3 节中的方法二绘制一条长为 2.1mm、宽为 0.15mm 的微带线。

（2）首先选择"Edit"→"Select Polygon"选项或单击工具栏中的快捷按钮 ，单击绘制好的长方形微带线，它会由黄色变为黑色，表明它已被选中，如图 3-15 所示；然后选择"Edit"→"Copy and Paste"选项或按 Shift+C 组合键，单击作图窗口的任意位置，弹出如图 3-16 所示的对话框。在"X-offset(mm)"数值框中输入 1.25，在"Y-offset(mm)"数值框中输入 0，表示 X 轴相对偏移位置为 1.25mm，单击"OK"按钮，得到两条微带线，相距 1.25mm，如图 3-17 所示。

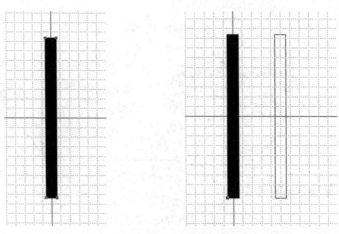

图 3-15 选中微带线

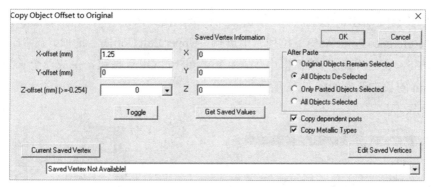

图 3-16　输入复制相对位置

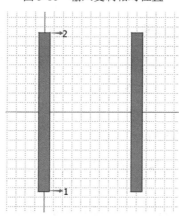

图 3-17　复制得到两条微带线

选择"Input"→"Set to Closest Vertex"选项或单击工具栏中的快捷按钮，当鼠标指针靠近顶点时，单击鼠标左键，可选定该顶点。

（3）将鼠标指针靠近点 1，选中点 1，单击工具栏中的快捷按钮，弹出如图 3-18 所示的对话框，在"Reference Point As"下拉列表中选择"Lower Left Corner"选项，此时，生成长方形的左下角顶点就是点 1。在"Length"数值框中输入 1.1，在"Width"数值框中输入 0.15，单击"OK"按钮，生成一个长为 1.1mm、宽为 0.15mm 的长方形，如图 3-19 所示。

图 3-18　长方形参数设置对话框 1

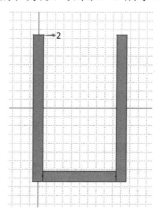

图 3-19　生成的微带线图

（4）如图 3-19 所示，选中点 2，单击工具栏中的快捷按钮 　，弹出如图 3-20 所示的对话框，在"Reference Point As"下拉列表中选择"Upper Left Corner"选项，在"Length"数值框中输入 0.35，在"Width"数值框中输入 0.15，单击"OK"按钮，生成一个长为 0.35mm、宽为 0.15mm 的长方形，如图 3-21 所示。

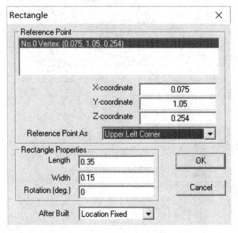

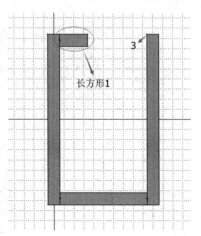

图 3-20　长方形参数设置对话框 2　　　图 3-21　生成长方形 1 的微带线图

（5）单击工具栏中的快捷按钮 　，选中长方形 1，先按 Ctrl+C 组合键，再按 Ctrl+V 组合键，将长方形 1 移至点 3 附近，按 Tab 键，改变捕捉顶点位置，调整鼠标指针至长方形 1 的右上角顶点位置，靠近点 3 自动捕捉，使得该长方形的右上角顶点与点 3 相重合，如图 3-22 所示。单击鼠标左键，弹出如图 3-23 所示的对话框，单击"OK"按钮，结果如图 3-24 所示。

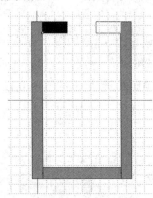

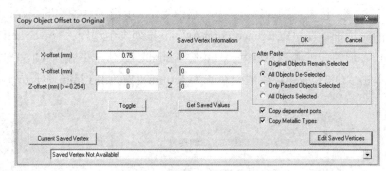

图 3-22　复制微带线　　　图 3-23　微带线相对位移设置对话框

（6）如图 3-24 所示，选中点 4，单击工具栏中的快捷按钮 　，弹出如图 3-25 所示的对话框，在"Reference Point As"下拉列表中选择"Upper Left Corner"选项，在"Length"数值框中输入 0.15，在"Width"数值框中输入 1.85，单击"OK"按钮，生成一个长为 0.15mm、宽为 1.85mm 的长方形，如图 3-26 所示。

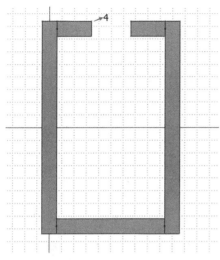

图 3-24 复制后的微带线图 1

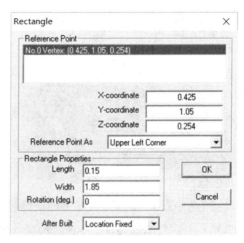

图 3-25 长方形参数设置对话框 3

（7）单击工具栏中的快捷按钮 ，选中长方形 2，先按 Ctrl+C 组合键，再按 Ctrl+V 组合键，将长方形 2 移动至点 5 附近，按 Tab 键，改变鼠标指针所指的长方形顶点，调整鼠标指针至长方形的右上角顶点位置，靠近点 5 自动捕捉，使得该长方形的右上角顶点与点 5 相重合。单击鼠标左键，弹出对话框，单击"OK"按钮，结果如图 3-27 所示。

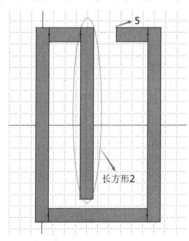

图 3-26 生成的长方形 2

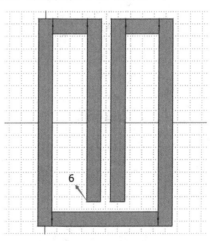

图 3-27 复制后的微带线图 2

（8）如图 3-27 所示，选中点 6，单击工具栏中的快捷按钮 ，弹出如图 3-28 所示的对话框，在"Reference Point As"下拉列表中选择"Lower Right Corner"选项，在"Length"数值框中输入 0.1，在"Width"数值框中输入 0.15，单击"OK"按钮，生成一个长为 0.1mm、宽为 0.15mm 的长方形，如图 3-29 所示。

（9）复制长方形 3，操作同步骤（7），将长方形 3 复制至点 7，得到图 3-30。

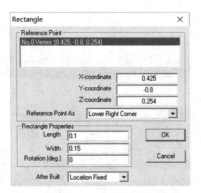

图 3-28　长方形参数设置对话框 4

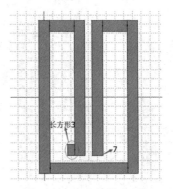

图 3-29　生成的长方形 3

（10）选中点 8，单击工具栏中的快捷按钮 ，弹出如图 3-31 所示的对话框，在"Reference Point As"下拉列表中选择"Lower Right Corner"选项，在"Length"数值框中输入 0.15，在"Width"数值框中输入 1.5，单击"OK"按钮，生成一个长为 0.15mm、宽为 1.5mm 的长方形，如图 3-32 所示。

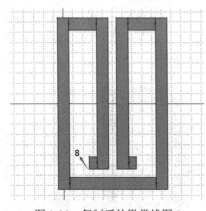

图 3-30　复制后的微带线图 3

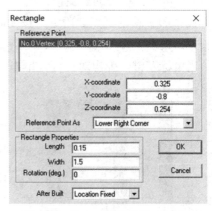

图 3-31　长方形参数设置对话框 5

（11）复制长方形 4，操作同步骤（7），将长方形 4 复制至点 9，得到如图 3-33 所示的单个谐振器的整体图。

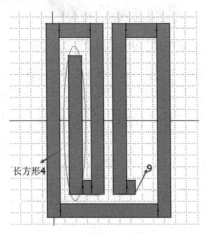

图 3-32　生成的长方形 4

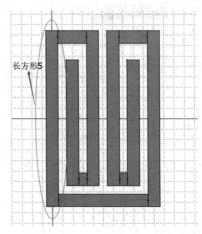

图 3-33　单个谐振器的整体图

3.4.5　谐振器参数调整

（1）单击工具栏中的快捷按钮 🔩，选中长方形 5，如图 3-34 所示。先按 Ctrl+C 组合键，再按 Ctrl+V 组合键，单击鼠标左键，弹出如图 3-35 所示的对话框，在"X-offset(mm)"数值框中输入-0.25，在"Y-offset(mm)"数值框中输入 0，单击"OK"按钮，结果如图 3-36 所示。

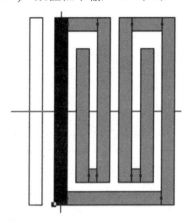

图 3-34　选中偏移对象（长方形 5）

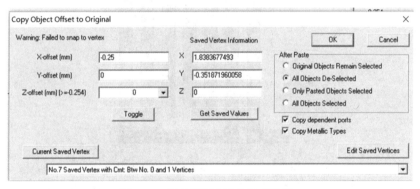

图 3-35　相对偏移参数设置对话框 1

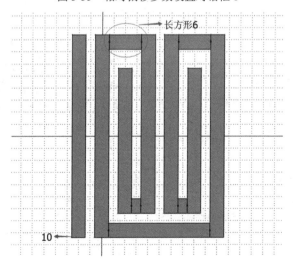

图 3-36　复制生成的部分抽头

（2）单击工具栏中的快捷按钮 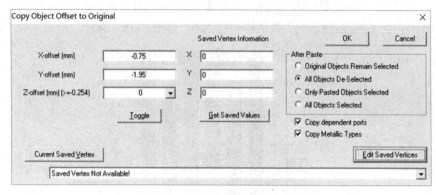，选中长方形 6，先按 Ctrl+C 组合键，再按 Ctrl+V 组合键，在点 10 处连接，单击鼠标左键，弹出如图 3-37 所示的对话框，单击"OK"按钮，结果如图 3-38 所示。

图 3-37　相对偏移参数设置对话框 2

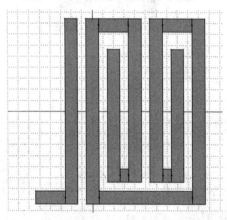

图 3-38　单个谐振器和抽头的整体图

（3）选择"Port"→"Port For Edge Group"选项，弹出如图 3-39 所示的对话框，选中"Advanced Extension"单选按钮，其他选项保持默认设置，单击"OK"按钮。

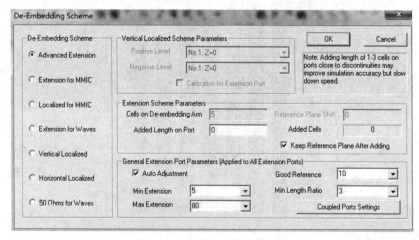

图 3-39　激励端口设置对话框

（4）单击空白处，按住鼠标左键拖动，将两个顶点框住，如图 3-40 所示，生成端口 1，如图 3-41 所示，按 Esc 键，取消端口设置。

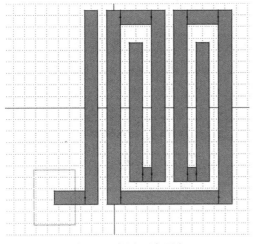

图 3-40 框选两个顶点　　　　　　　　图 3-41 生成端口 1

（5）选择"Process"→"Simulate"选项，弹出如图 3-42 所示的对话框。

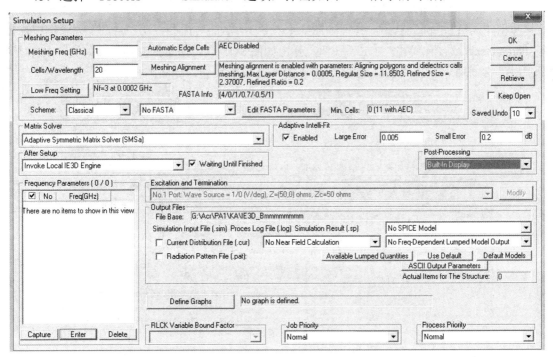

图 3-42 仿真设置对话框

在"Meshing Parameters"选区的"Meshing Freq(GHz)"数值框中输入 15，即仿真的最高频率为 15GHz，如图 3-43 所示。

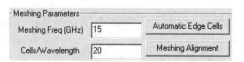

图 3-43　仿真的最高频率设置

在"Frequency Parameters(0/0)"选区中单击"Enter"按钮，弹出如图 3-44 所示的对话框，在"Start Freq(GHz)"数值框中输入 0，在"End Freq(GHz)"数值框中输入 15，在"Number of Freq"数值框中输入 501，单击"OK"按钮。表明起始频率和截止频率分别为 0 与 15GHz，其中有 501 个点。只要频点数足够，曲线就圆滑。

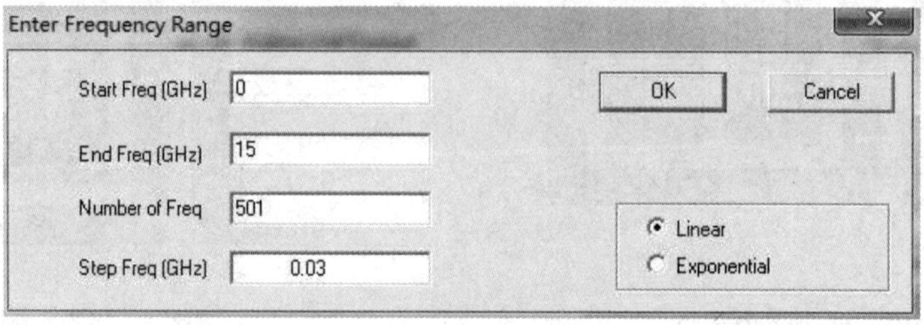

图 3-44　起始/截止频率设置

单击"Define Graphs"按钮，弹出如图 3-45（a）所示的对话框。单击"Graph Definition"选区中的"Add Graph"按钮，弹出如图 3-45（b）所示的对话框。在"Type"列表框中选择"S-Parameters"选项，单击"OK"按钮，弹出如图 3-45（c）所示的对话框，勾选 S(1,1)对应的"dB"复选框，单击"OK"按钮，并单击"Close"按钮，完成图表设置。

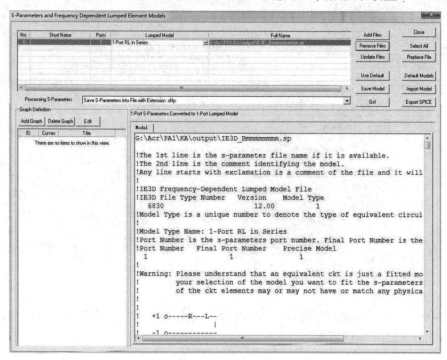

（a）S 参数设置对话框

图 3-45　图表设置

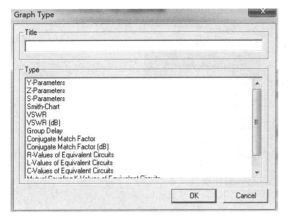

（b）图表类型设置对话框

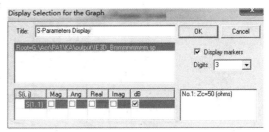

（c）勾选"dB"复选框

图 3-45　图表设置（续）

其他选项保持默认设置，在"Simulation Setup"对话框中，单击右上角的"OK"按钮，开始仿真。仿真结束后，得到如图 3-46 所示的仿真结果，谐振频率低于 10GHz，手动将谐振频率调至 10GHz。

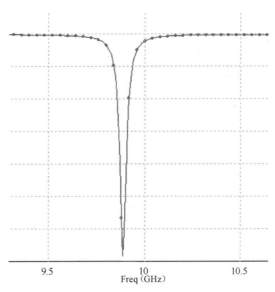

图 3-46　S(1,1)仿真结果

（6）调整谐振器的长度。选择"Edit"→"Select Vertices"选项或按 Alt+S 组合键，或者单击工具栏中的快捷按钮，开始选择顶点。

将谐振器的上半部分顶点选中，如图 3-47 所示。按 Shift+M 组合键，单击鼠标左键，弹出如图 3-48 所示的对话框，在"X-offset(mm)"数值框中输入 0，在"Y-offset(mm)"数值框中输入−0.125，单击"OK"按钮。

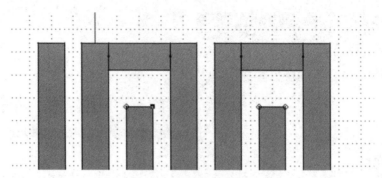

图 3-47　　选中谐振器的上半部分顶点

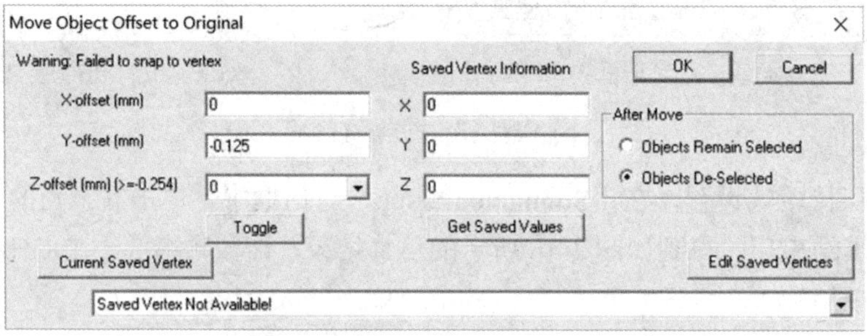

图 3-48　　顶点相对偏移距离设置对话框 1

单击工具栏中的快捷按钮 ，在弹出的"Simulation Setup"对话框中单击"OK"按钮，开始仿真。仿真结束后，得到如图 3-49 所示的结果，谐振频率大致在 10GHz 处。

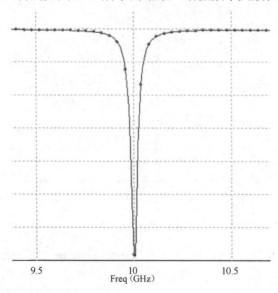

图 3-49　　单个谐振器的 S(1,1)仿真结果

3.4.6　谐振器间耦合间距的确立

（1）按 Shift+Y 组合键，选中如图 3-50 所示的单个谐振器。

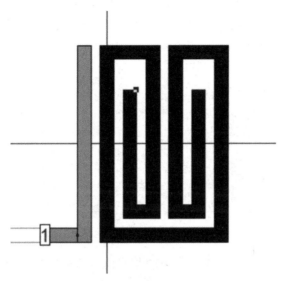

图 3-50　选中单个谐振器

（2）选择"Edit"→"Copy and Reflect"选项或按 Ctrl+F 组合键，弹出如图 3-51 所示的对话框，在"Object Reflection Angle"数据框中输入 90，单击"OK"按钮，进行镜像复制。

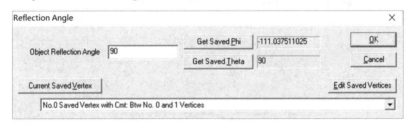

图 3-51　镜像复制设置对话框

移动鼠标指针至所选图形上方，单击鼠标左键，弹出如图 3-52 所示的对话框，单击"OK"按钮，得到如图 3-53 所示的两个谐振器。

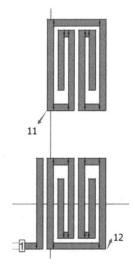

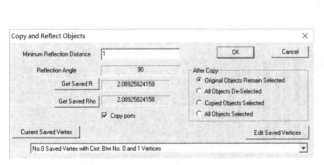

图 3-52　镜像复制偏移设置对话框　　　　图 3-53　通过镜像复制得到的两个谐振器

分别单击点 11、12，并单击工具栏中的快捷按钮 ⌗，弹出如图 3-54 所示的对话框。其中，"dX"表示两点的 X 轴距离之差，为 1.4mm；"dY"表示两点的 Y 轴距离之差，为-3.2mm。

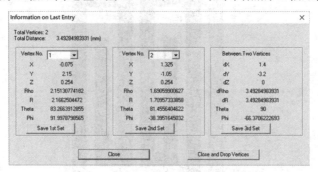

图 3-54 两点的位置和距离设置对话框

单击"Save 3rd Set"按钮，弹出如图 3-55 所示的对话框。单击"OK"按钮，保存两点的距离之差，关闭该对话框，单击"Close"按钮。

图 3-55 保存两点的距离之差对话框

（3）单击工具栏中的快捷按钮 ⬉，选中需要镜像复制的谐振器，按 Shift+M 组合键，移动谐振器，如图 3-56 所示。

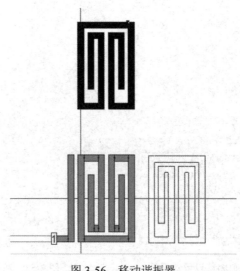

图 3-56 移动谐振器

单击空白处，弹出"Move Object Offset to Original"对话框。单击"Get Saved Values"按钮，将"X-offset(mm)"数值框中的 1.4 改为 1.63，即两个谐振器之间相距 0.23mm；"Y-offset(mm)"数值框中的数值保持不变，如图 3-57 所示。单击"OK"按钮，结果如图 3-58 所示。

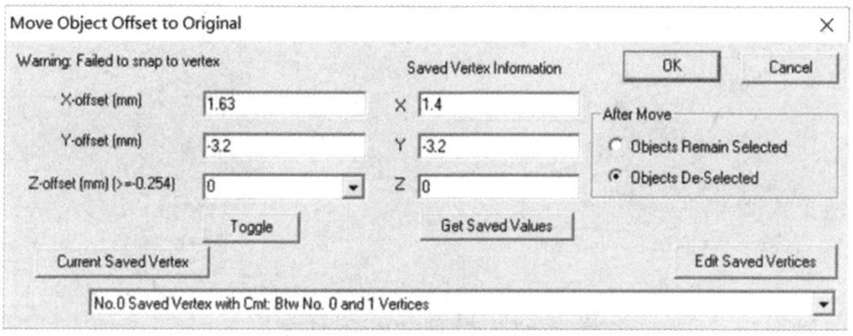

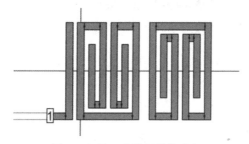

图 3-57　顶点相对偏移距离设置对话框 2

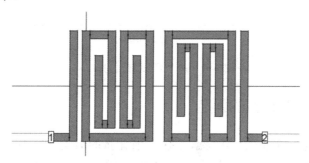

图 3-58　第二个谐振器的建立

同上操作，选中抽头进行镜像复制，距离第二个谐振器为 0.1mm，形成整体结构对称的图形，如图 3-59 所示。

图 3-59　第二个抽头的建立

选择"Process"→"Simulate"选项进行仿真。在"Simulation Setup"对话框中，单击"Frequency Parameters(0/0)"选区中的"Delete"按钮，弹出如图 3-60 所示的对话框，单击"OK"按钮，删除之前设置的仿真频率。

图 3-60　删除之前设置的仿真频率

单击"Frequency Parameters(0/0)"选区中的"Enter"按钮，弹出"Enter Frequency Range"对话框。在"Start Freq(GHz)"数值框中输入 8，在"End Freq(GHz)"数值框中输入 12，在"Number of Freq"数值框中输入 501，如图 3-61 所示。单击"OK"按钮，即新的仿真频率为 8～12GHz。

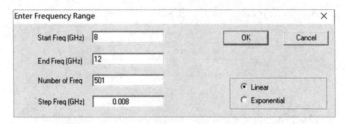

图 3-61　设置新的仿真频率

单击"Simulation Setup"对话框中的"OK"按钮，开始仿真。仿真结束后，得到如图 3-62 所示的仿真结果，计算得耦合系数为 0.06。

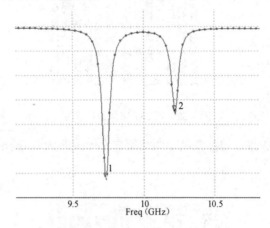

图 3-62　两个谐振器的仿真结果

3.4.7　抽头的建立和位置的确定

输入端是线宽为 0.78mm 的 50Ω 线，通过阶梯阻抗的形式与 0.15mm 宽的微带线相连。首先，绘制一条长为 2mm、宽为 0.15mm 的微带线，与谐振器相连，如图 3-63 所示。

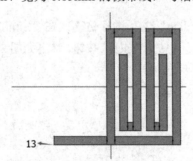

图 3-63　0.15mm 宽部分（第一部分）抽头

再绘制一条长为 2mm、宽为 0.3mm 的微带线，与宽 0.15mm 的微带线相连。具体操作如下：单击点 13（见图 3-63），并单击工具栏中的快捷按钮 ，在弹出的对话框的 "Reference Point As" 下拉列表中选择 "Lower Right Corner" 选项，在 "Length" 数值框中输入 2，在 "Width" 数值框中输入 0.3，单击 "OK" 按钮，结果如图 3-64 所示。

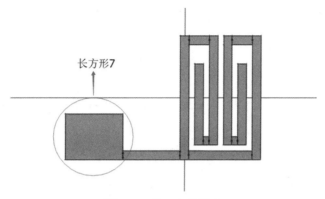

图 3-64　第二部分抽头

选中长方形 7，将它向 Y 轴负方向移动 0.315mm，结果如图 3-65 所示。

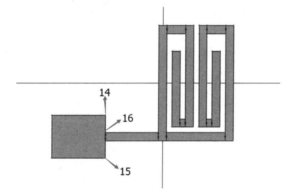

图 3-65　移动长方形 7

选中点 14，按 Shift+R 组合键，弹出如图 3-66 所示的对话框。在 "X-offset" 数值框中输入 -0.315，在 "Y-offset" 数值框中输入 0，单击 "OK" 按钮，弹出如图 3-67 所示的对话框。单击 "Yes" 按钮，表明插入了一个点 17，如图 3-68 所示。

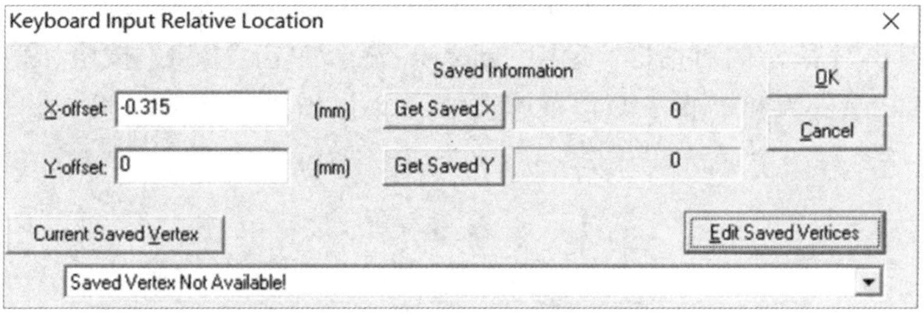

图 3-66　点相对位移设置对话框

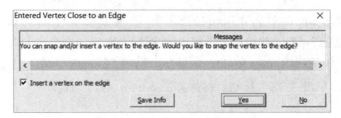

图 3-67　增加一个点对话框

如图 3-68 所示，连接点 16、17，单击工具栏中的快捷按钮 ，就可以将三角形 1 和长方形切开。

选中三角形 1，将它删除；同理，在点 15 处执行如上操作，结果如图 3-69 所示。

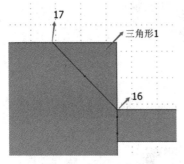

图 3-68　插入一个点

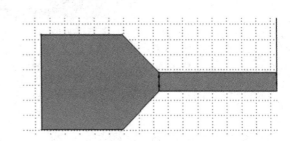

图 3-69　最终的抽头

在抽头处建立端口，如图 3-70 所示。

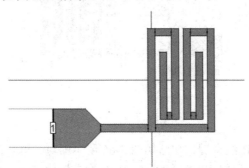

图 3-70　在抽头处建立端口

选择"Process"→"Simulate"选项，弹出"Simulation Setup"对话框，单击"Define Graphs"按钮，弹出如图 3-71 所示的对话框，选中"plot_0"栏，单击"Edit"按钮，弹出如图 3-72 所示的对话框，将"Ang"和"dB"复选框都选中，单击"OK"按钮，并单击"Close"按钮。单击"OK"按钮，开始仿真。

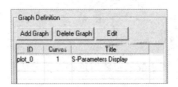

图 3-71　仿真结果图设置

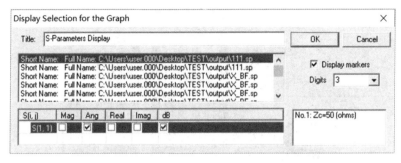

图 3-72　选中"Ang"和"dB"复选框

如图 3-73 所示,计算得外部品质因数为 39.44,改变抽头位置,可以拟合理论计算的值,得到最终的抽头位置。

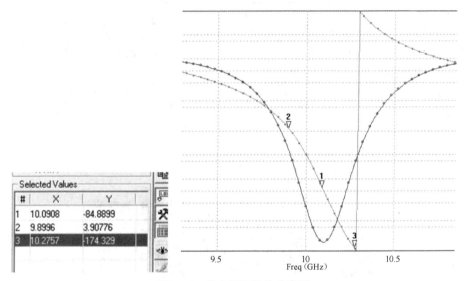

图 3-73　单个谐振器的仿真图

3.5　7 阶小型化滤波器仿真

3.5.1　7 阶滤波器模型的建立

(1)选定 3.4.4 节创建好的单个谐振器,进行镜像复制,并平移,使得谐振器 1 和 2 的距离之差为 0.23mm,如图 3-74 所示。

(2)选定谐振器 1 进行平移,得到谐振器 3,它与谐振器 2 相距 0.315mm,如图 3-75 所示。

(3)选定谐振器 2 进行平移,得到谐振器 4,它与谐振器 3 相距 0.335mm,如图 3-76 所示。

(4)选定谐振器 1~3 和抽头,按 Ctrl+F 组合键进行镜像复制,并平移,得到如图 3-77 所示的结果。

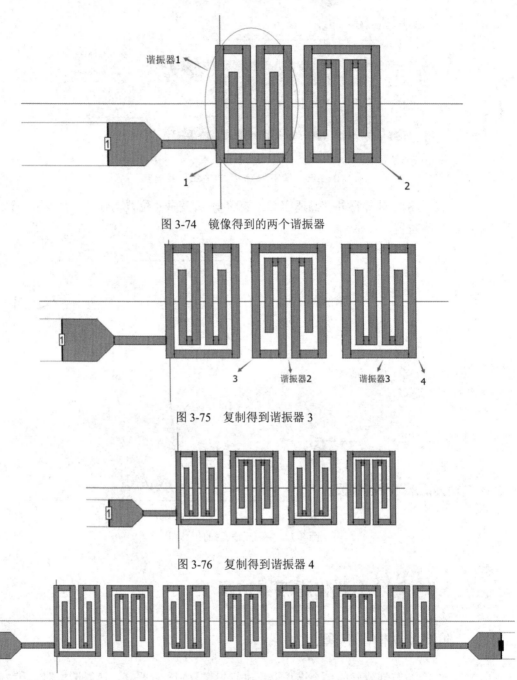

图 3-74　镜像得到的两个谐振器

图 3-75　复制得到谐振器 3

图 3-76　复制得到谐振器 4

图 3-77　镜像复制并平移后得到的整体滤波器

　　选择"Process"→"Simulate"选项，或者单击快捷按钮 🏃，弹出"Simulation Setup"对话框。设置好仿真参数后，单击"OK"按钮，开始仿真。仿真结束后，单击"Add Graph"按钮，弹出"Graph Type"对话框，在"Type"列表框中选择"S-Parameters"选项，单击"OK"按钮。在接下米弹出的"Display Selection for the Graph"对话框中勾选 S(1,1)、S(2,1)对应的"dB"复选框，单击"OK"按钮。返回上一级对话框，之后单击"Close"按钮即可得到如

图 3-78 所示的仿真结果。分析仿真结果可知，带内反射小于-8.75dB，插损约为 3.26dB，3dB 带宽约为 567MHz，未达到设计目标，需要对滤波器进行优化。

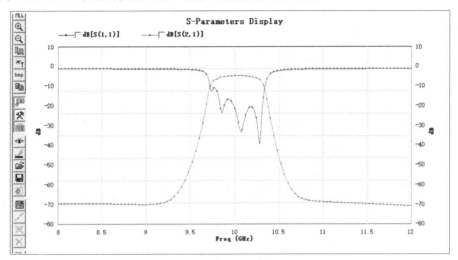

图 3-78　初步仿真结果

3.5.2　滤波器优化仿真

滤波器的带内反射主要由谐振器间距和抽头位置决定，带宽主要由谐振器间距决定，频率由谐振器的长度决定。

1. 设置谐振器间距为优化变量

按 Shift+Y 组合键，选中最左端的谐振器和抽头，如图 3-79 所示。选择"Optim"→"Variable For Selected Objects..."选项，弹出如图 3-80 所示的对话框，"Tuning Angle"为调谐角度，这里输入 0，即水平移动。单击"OK"按钮。

向左移动鼠标指针，得到如图 3-81 所示的结果，在"Low bound fixed at"数值框中输入 -0.2，表示在 X 轴负方向上平移的上限为 0.2mm，单击"OK"按钮。

向右移动鼠标指针，得到如图 3-81 所示的结果，在"High bound fixed at"数值框中输入 0.2，表示在 X 轴正方向上平移的上限为 0.2mm，单击"OK"按钮，弹出如图 3-82 所示的对话框，单击"Continue Without Action"按钮。

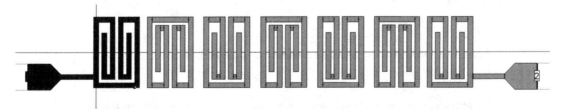

图 3-79　选中最左端的谐振器和抽头

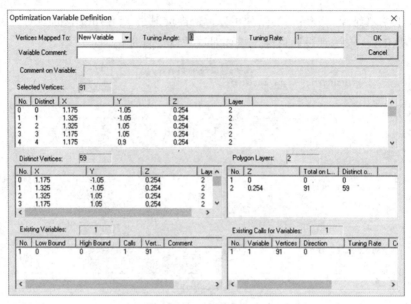

图 3-80　位移角度设置

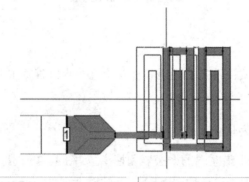

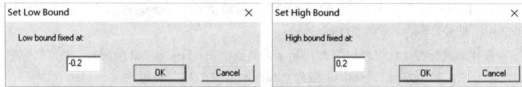

图 3-81　位移上/下边界设置

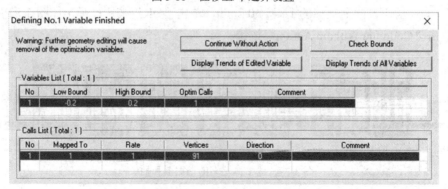

图 3-82　优化变量上/下边界 1

选择最右端的谐振器和抽头，如图 3-83 所示。选择"Optim"→"Add Selected Objects to Variable..."选项，弹出如图 3-84 所示的对话框，在"Tuning Angle"数值框中输入 180，表示它与最左端的谐振器和抽头是向相反方向移动的，并且移动的上/下边界相同。单击"OK"按钮，弹出如图 3-85 所示的对话框，其中的"Optim Calls"为 2，表明有两个优化变量。单击"Continue Without Action"按钮。

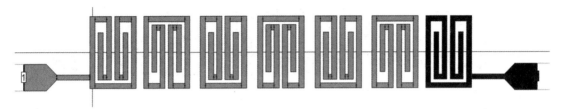

图 3-83　选择最右端的谐振器和抽头

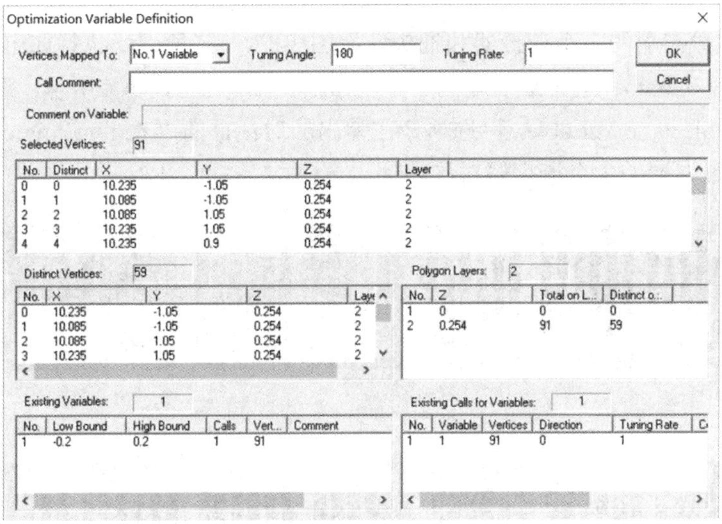

图 3-84　设置相对偏移角度

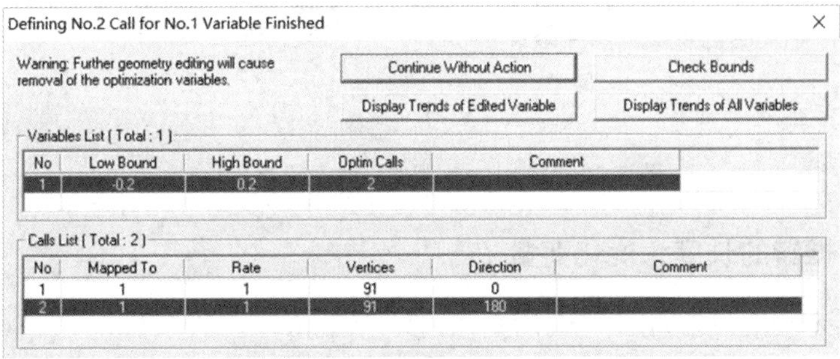

图 3-85　优化变量上/下边界 2

选中最左端的两个谐振器和抽头，如图 3-86（a）所示，执行如上操作，左、右移动上/下边界也为 0.2mm；选中最右端的两个谐振器，如图 3-86（b）所示，选择"Optim"→"Add Selected Objects to Variable..."选项，在弹出的对话框的"Tuning Angle"数值框中输入 180，表示其与最左端的两个谐振器对称移动。

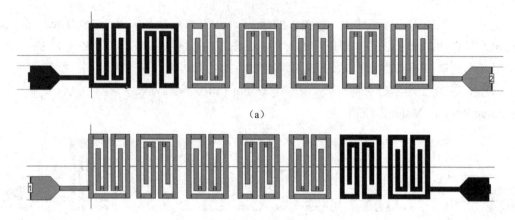

(a)

(b)

图 3-86   左、右两端两个谐振器对称移动

同理，选中最左端的 3 个谐振器和抽头，如图 3-87（a）所示，执行如上操作，左、右移动上/下边界也为 0.2mm；选中最右端的 3 个谐振器，如图 3-87（b）所示，选择 "Optim" → "Add Selected Objects to Variable..." 选项，在弹出的对话框的 "Tuning Angle" 数值框中输入 180，表示其与最左端的 3 个谐振器对称移动。

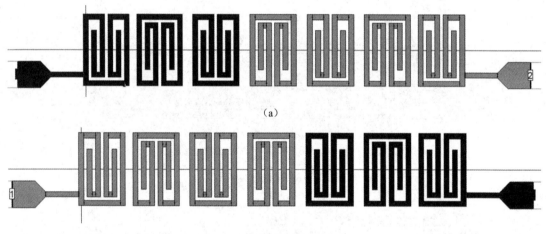

（a）

（b）

图 3-87   左、右两端 3 个谐振器对称移动

2．设置谐振器的长度为优化变量

选中谐振器末端的点，如图 3-88 所示，选择 "Optim" → "Variable For Selected Objects..." 选项，弹出如图 3-89 所示的对话框，在 "Tuning Angle" 数值框中输入 90，表示点位移方向为 Y 轴。单击 "OK" 按钮，在 "Low bound fixed at" 数值框中输入-0.1，在 "High bound fixed at" 数值框中输入 0.1，表明谐振器的长度变化范围为-0.1～0.1mm。

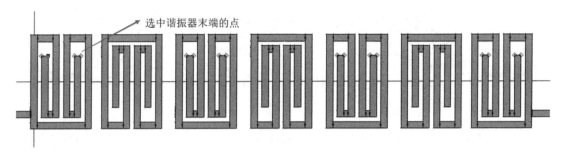

图 3-88 选中谐振器末端的点

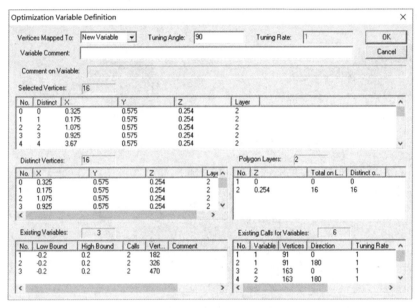

图 3-89 设置位移角度

选中反向谐振器末端的点，如图 3-90 所示，选择"Optim"→"Add Selected Objects to Variable..."选项，在弹出的对话框的"Tuning Angle"数值框中输入 90，即对称变换。

选中反向谐振器末端的点

图 3-90 选中反向谐振器末端的点

3.5.3 优化变量

选中两个抽头，如图 3-91 所示，沿 Y 轴设置变量。选择"Optim"→"Variable For Selected Objects..."选项，在弹出的对话框的"Tuning Angle"数值框中输入 90，单击"OK"按钮。

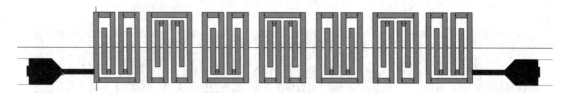

图 3-91　选中两个抽头

选中抽头末端两点，如图 3-92 所示，将抽头长度设置为优化变量，沿 X 轴设置变量。

选中抽头阶梯阻抗的点，如图 3-93 所示，将抽头部分 0.3mm 宽的微带线的长度设置为优化变量，沿 X 轴设置变量。

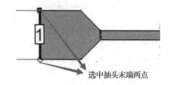

图 3-92　选中抽头末端两点

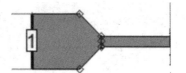

图 3-93　选中抽头阶梯阻抗的点

选择"Optim"→"Display Trends..."选项，弹出如图 3-94 所示的对话框，显示了所有优化变量的上/下边界。

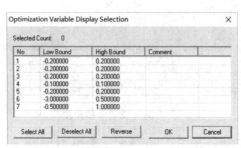

图 3-94　所有优化变量的上/下边界

选择"Optim"→"Geometry Tuning..."选项，单击"Variables Sliders"按钮，得到如图 3-95 所示的结果，在右侧手动调谐变量，就可以在左侧的平面图中看到具体的图形变化。

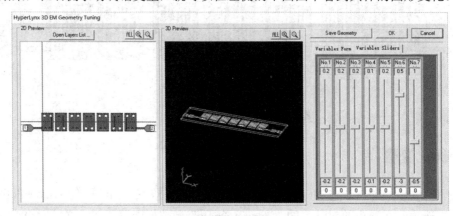

图 3-95　调谐变量

3.5.4　设置优化目标

选择"Process"→"Optimize"选项，弹出优化设置对话框。如图 3-96 所示，在"Scheme"下拉列表中选择"Powell Optimizer"选项，弹出如图 3-97 所示的对话框，在"Maximum Iterations"数值框中输入 20，其他选项保持默认设置，单击"OK"按钮。

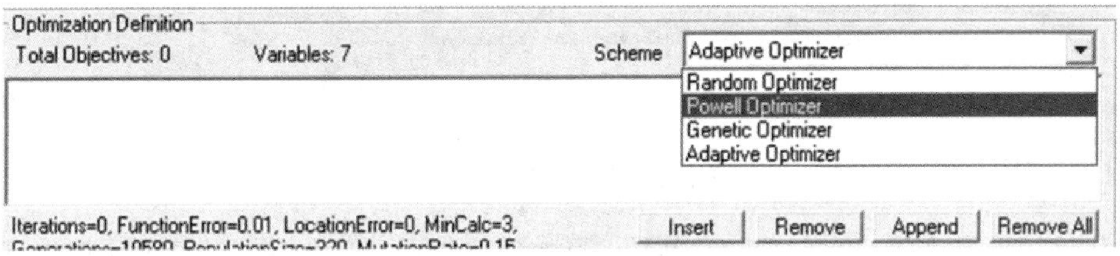

图 3-96　选择优化器

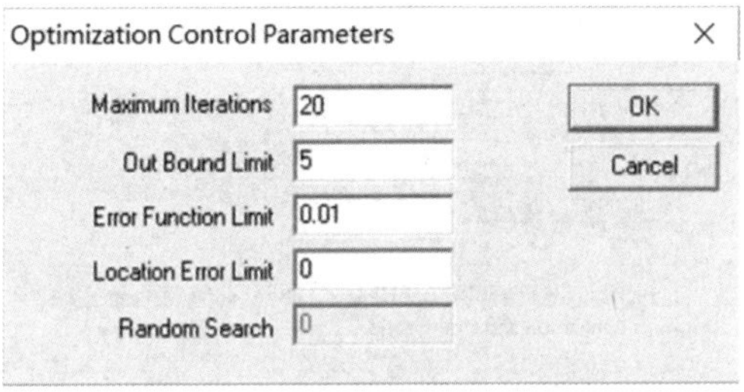

图 3-97　Powell 优化器参数设置

单击图 3-96 中的"Insert"按钮，插入优化目标，设置 S(1,1)为优化目标，在 9.72～10.28GHz 频段内，S(1,1)小于-15dB；将 S(2,2)也设置为优化目标，保证带外抑制，如图 3-98 所示。

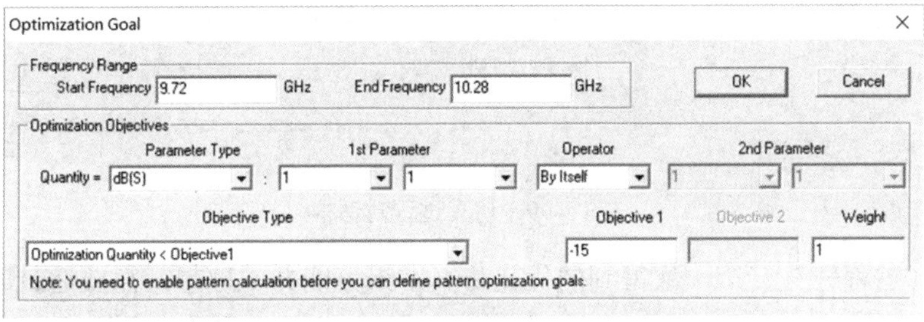

（a）

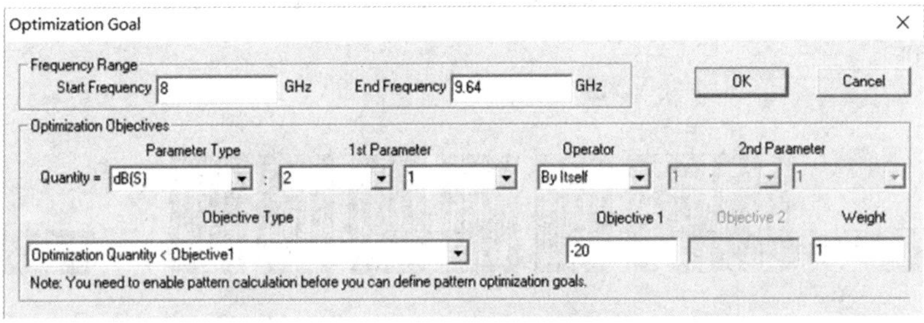

（b）

图 3-98　优化目标设置

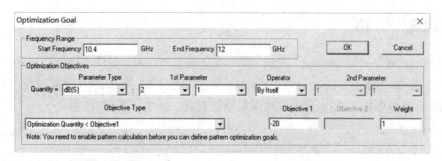

（c）

图 3-98　优化目标设置（续）

优化目标设置完毕，单击"OK"按钮，开始优化仿真，弹出如图 3-99 所示的仿真过程对话框。

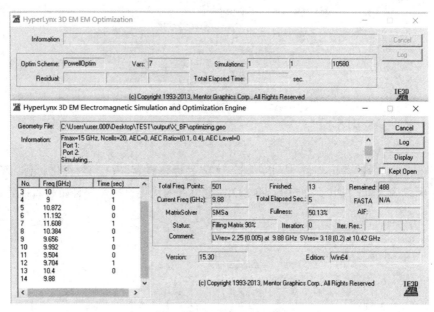

图 3-99　仿真过程对话框

优化仿真过程较久，第一次得到的优化仿真结果可能并不理想，需要通过改变优化变量和优化目标来进行多次优化，一步步达到最终的目标，得到最终的滤波器，如图 3-100 所示。对其进行仿真，得到如图 3-101 所示的仿真结果。其中，S(1,1)小于-20dB，3dB 带宽为 600MHz，符合设计目标。

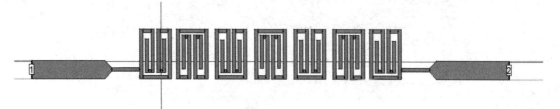

图 3-100　最终的滤波器

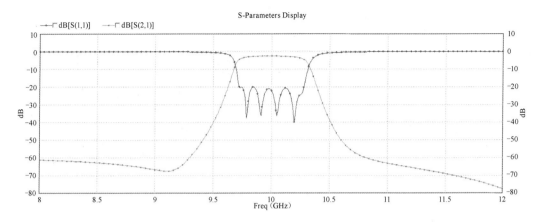

图 3-101　仿真结果

　　本章简要介绍了 IE3D 如何建模和基本发夹型谐振器及发夹型滤波器的设计。首先介绍了滤波器的基本知识和理论，其中，耦合系数和外部品质因数是设计滤波器的关键；其次详细介绍了滤波器建模的步骤，包括插入介质基板层、建立单个谐振器、建立抽头和整个滤波器模型等；最后介绍了优化变量设置，通过优化得到最终的滤波器模型。

第4章 微带功分器设计与仿真

微带功分器作为射频前端重要的组成部分，有着不可或缺的地位，如用于相控阵系统中多通道的信号分配；在平衡式放大器的设计中，需要用它进行两路信号的分配与合成；还有混频器里的本振链路信号均分等都有微带功分器的一席之地。本章重点讲解将信号一分为二、均等分配的微带功分器的基本概念，具体基于 IE3D 的设计步骤。

 ## 4.1 射频功分器概述

功分器全称功率分配器，是一种将一路输入信号的能量分成两路或多路输出相等或不相等能量的器件。在简单功分器中引入隔离电阻，使其变为有耗三端口网络。有耗三端口网络可以做到完全匹配，且输出端口之间具有隔离性。它的主要技术指标包括频率范围、输入与输出间的插入损耗、支路端口间的隔离度、回波损耗等。

等功率分配器的基本要求如下。

（1）端口 1 无反射。

（2）端口 2、端口 3 输出电压相等且同相。

（3）端口 2、端口 3 输出功率的比为 1:1。

Z_0 是特性阻抗，λ_g 是信号的波导波长，R 是隔离电阻。当信号从端口 1 输入时，功率从端口 2 和端口 3 等功率输出。如果有必要，则输出功率可按一定比例分配，并保持电压同相，电阻上无电流，不吸收功率。若端口 2 或端口 3 有失配，则反射功率通过分支岔口和电阻，两路到达另一支路的电压等幅、反相而抵消，即在此点没有输出，从而可保证两个输出端口之间有良好的隔离性。

图 4-1 所示为典型的威尔金森功分器，在等功率分配的情况下，$Z_2 = Z_3 = Z_0$，$Z_{02} = Z_{03} = \sqrt{2}Z_0$，$R = 2Z_0$。

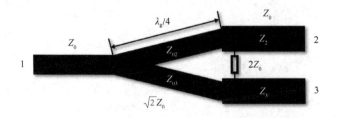

图 4-1 典型的威尔金森功分器

4.2　功分器建模

4.2.1　创建 IE3D 新工程

（1）选择"IE3D-SSD"→"Mgrid"选项，进入 Mgrid 主界面，选择"File"→"New"选项或按 Ctrl+N 组合键，创建新工程，弹出如图 4-2 所示的"Basic Parameters"对话框。

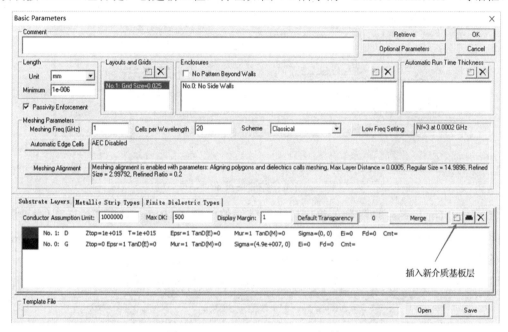

图 4-2　"Basic Parameters"对话框

（2）单击 按钮，插入新介质基板层，弹出如图 4-3 所示的对话框。

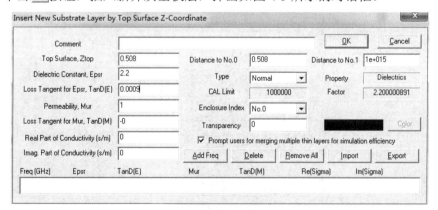

图 4-3　插入介质基板层参数设置对话框

（3）在"Top Surface, Ztop"数值框中输入 0.508，在"Dielectric Constant, Epsr"数值框中输入 2.2，在"Loss Tangent for Epsr, TanD(E)"数值框中输入 0.0009，其他选项保持默认设置，单击"OK"按钮，结果如图 4-4 所示。

图 4-4　插入介质基板层后的结果

（4）单击"Metallic Strip Types"选项卡，双击铜参数一栏，弹出如图 4-5 所示的对话框。

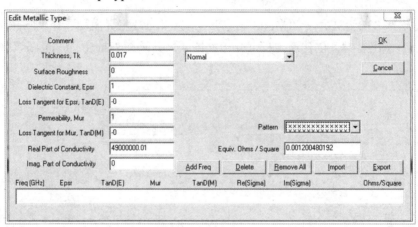

图 4-5　微带线属性设置对话框

（5）在"Thickness, Tk"数值框中输入微带线的厚度（0.017mm），其他选项保持默认设置，单击"OK"按钮，设置完成。单击"Basic Parameters"对话框中的"OK"按钮，完成微带线的设置，生成作图窗口，如图 4-6 所示。

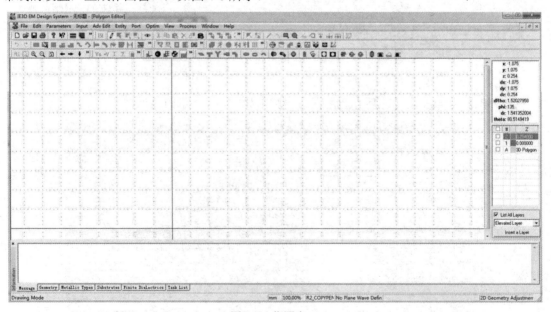

图 4-6　作图窗口

（6）选择"File"→"Save"选项或单击工具栏中的 按钮，将工程文件命名为"divider_cs"。

4.2.2　建立功分器模型

选择"Entity"→"Rectangle"选项或单击工具栏中的 按钮，弹出"Rectangle"对话框，在"Length"数值框中输入长方形的长（5.87mm），在"Width"数值框中输入长方形的宽（1.54mm），单击"OK"按钮，结果如图 4-7 所示。

将鼠标指针靠近点 1，选中点 1，单击工具栏中的 按钮，弹出对话框后，在"Reference Point As"下拉列表中选择"Lower Right Corner"选项，在"Length"数值框中输入 0.87，在"Width"数值框中输入 3，单击"OK"按钮，生成一个长为 0.87mm、宽为 3mm 的长方形，如图 4-8 所示。

同理，在点 2 处建立同样大小的长方形，如图 4-9 所示。

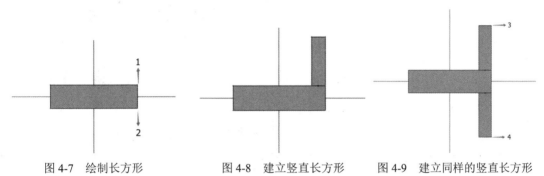

图 4-7　绘制长方形　　　　图 4-8　建立竖直长方形　　　　图 4-9　建立同样的竖直长方形

选中点 3，选择"Entity"→"Annular Sector"选项或单击工具栏中的 按钮，弹出如图 4-10 所示的对话框。在"Start Angle(degree)"数值框中输入 90，在"End Angle(degree)"数值框中输入 180，在"Inner Radius(>0)"数值框中输入 0.5，在"Outer Radius(>0)"数值框中输入 1.37，单击"OK"按钮，生成一个内径为 0.5mm、外径为 1.37mm 的 90°圆环，如图 4-11 所示。

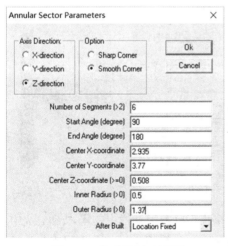

图 4-10　生成圆环对话框

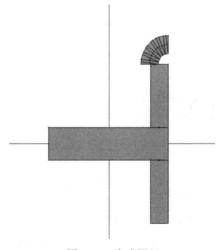

图 4-11　生成圆环

选择"Edit"→"Select Polygon"选项或单击工具栏中的 按钮，选中新生成的圆环；

选择"Edit"→"Copy and Paste"选项或按 Shift+C 组合键，在作图窗口任意位置单击鼠标左键，弹出如图 4-12 所示的对话框。在"X-offset(mm)"数值框中输入 0.5，在"Y-offset(mm)"数值框中输入 0，单击"OK"按钮，结果如图 4-13 所示。

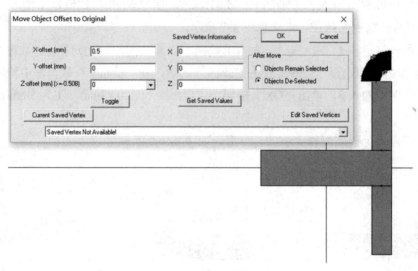

图 4-12　移动圆环设置

　　同理，选中点 4，选择"Entity"→"Annular Sector"选项或单击工具栏中的 ◝ 按钮，弹出如图 4-14 所示的对话框。在"Start Angle(degree)"数值框中输入 180，在"End Angle(degree)"数值框中输入 270，在"Inner Radius(>0)"数值框中输入 0.5，在"Outer Radius(>0)"数值框中输入 1.37，单击"OK"按钮，生成一个内径为 0.5mm、外径为 1.37mm 的 90°圆环，如图 4-15 所示。

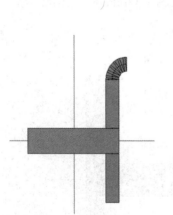 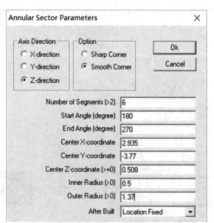 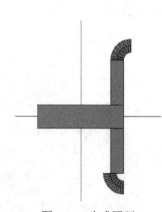

图 4-13　移动圆环的结果　　　　图 4-14　生成圆环对话框　　　　图 4-15　生成圆环

　　同之前操作，选中新生成的 90°圆环，执行平移操作。单击工具栏中的 ◔ 按钮，选中新生成的圆环；选择"Edit"→"Copy and Paste"选项或按 Shift+C 组合键，在作图窗口任意位置单击鼠标左键，弹出如图 4-16 所示的对话框。在"X-offset(mm)"数值框中输入 0.5，在"Y-offset(mm)"数值框中输入 0，单击"OK"按钮，结果如图 4-17（a）所示。

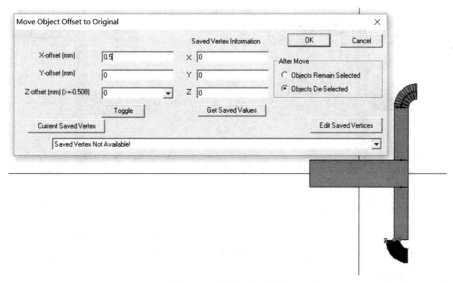

图 4-16　移动圆环设置

选择"Edit"→"Select Polygon Group"选项或单击工具栏中的 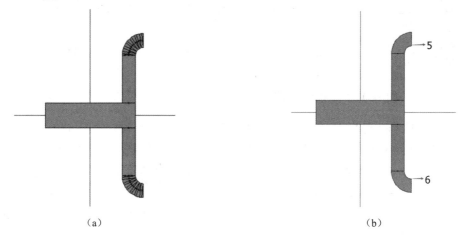 按钮，选中新生成的两个 90°圆环；选择"Adv Edit"→"Mesh and Merge"→"Merge Selected Polygons"选项或单击工具栏中的 按钮，将各小环合为一个整体，如图 4-17（b）所示。

图 4-17　合并圆环

选中点 5，单击工具栏中的 按钮，弹出对话框，在"Reference Point As"下拉列表中选择"Lower Left Corner"选项，在"Length"数值框中输入 4，在"Width"数值框中输入 0.87，单击"OK"按钮，生成一个长为 4mm、宽为 0.87mm 的长方形，如图 4-18 所示。

同理，选中点 6，单击工具栏中的 按钮，弹出对话框，在"Reference Point As"下拉列表选择"Upper Left Corner"选项，在"Length"数值框中输入 4，在"Width"数值框中输入 0.87，单击"OK"按钮，生成一个长为 4mm、宽为 0.87mm 的长方形，如图 4-19所示。

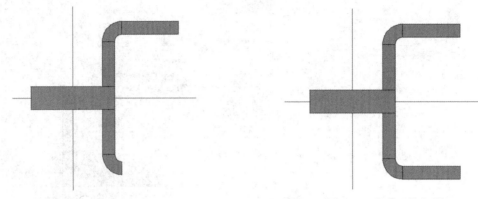

图 4-18   生成上长方形   图 4-19   生成下长方形

单击工具栏中的 ▣ 按钮或选择 "Edit" → "Select Polygon Group" 选项,选中新生成的两个 90°圆环,按 Ctrl+F 组合键,弹出如图 4-20 所示的复制镜像对话框,保持默认设置,单击 "OK" 按钮,结果如图 4-21 所示。

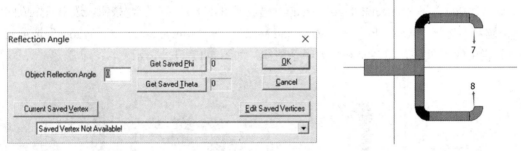

图 4-20   复制镜像对话框   图 4-21   生成两个圆环

选中点 7,单击工具栏中的 ▱ 按钮,弹出对话框,在 "Reference Point As" 下拉列表中选择 "Upper Left Corner" 选项,在 "Length" 数值框中输入 0.87,在 "Width" 数值框中输入 2,单击 "OK" 按钮,生成一个长为 0.87mm、宽为 2mm 的长方形。

单击工具栏中的 ▦ 按钮,选中新生成的长方形,先后按 Ctrl+C 和 Ctrl+V 组合键,移动长方形至点 8,弹出如图 4-22(a)所示的 "Copy Object Offset to Original" 对话框,单击 "OK" 按钮,结果如图 4-22(b)所示。

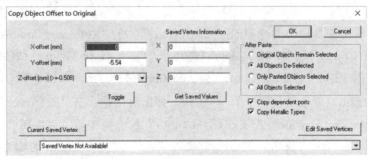

(a)

图 4-22   生成两个竖直对称的长方形

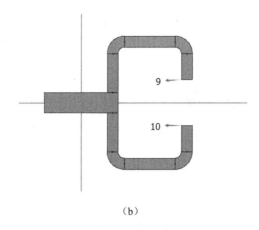

（b）

图 4-22　生成两个竖直对称的长方形（续）

单击工具栏中的 按钮，选中左下角的 90°圆环，先后按 Ctrl+C 和 Ctrl+V 组合键，将圆环复制移动至点 9，弹出"Copy Object Offset to Original"对话框，单击"OK"按钮，结果如图 4-23 所示。

同上操作，选中左上角的 90°圆环，先后按 Ctrl+C 和 Ctrl+V 组合键，将圆环复制移动至点 10，弹出"Copy Object Offset to Original"对话框，单击"OK"按钮，结果如图 4-24 所示。

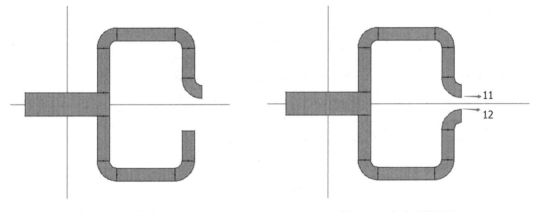

图 4-23　移动圆环　　　　　　　　　　　图 4-24　生成对称圆环

选中点 11，单击工具栏中的 按钮，弹出对话框，在"Reference Point As"下拉列表中选择"Lower Left Corner"选项，在"Length"数值框中输入 5，在"Width"数值框中输入 1.54，单击"OK"按钮，生成一个长为 5mm、宽为 1.54mm 的长方形，如图 4-25 所示。

单击工具栏中的 按钮，选中新生成的长方形，先后按 Ctrl+C 和 Ctrl+V 组合键，移动长方形至点 12，弹出"Copy Object Offset to Original"对话框，单击"OK"按钮，结果如图 4-26 所示。

电阻端口设置：选中点 11，按 Shift+R 组合键，弹出如图 4-27（a）所示的对话框；在"X-offset"数值框中输入 0.5，单击"OK"按钮，弹出如图 4-27（b）所示的对话框；单击"Yes"按钮，插入一个顶点。

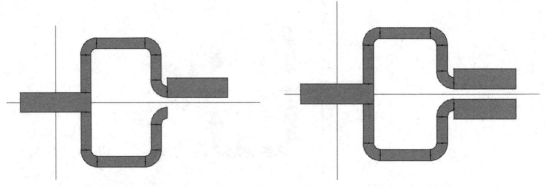

图 4-25　生成长方形　　　　　　　　　　　图 4-26　生成对称长方形

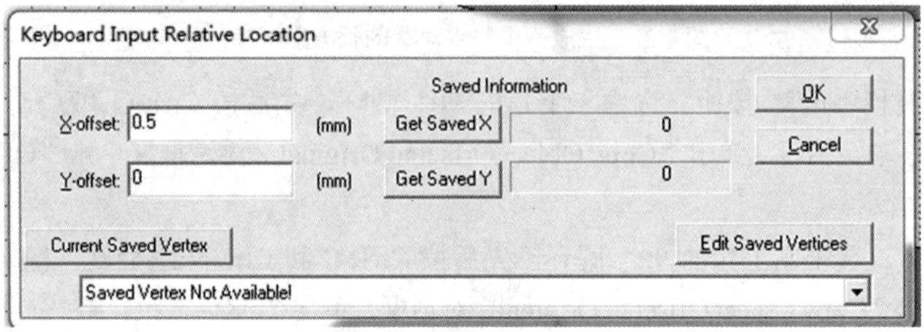

Keyboard Input Relative Location

Saved Information

X-offset: 0.5 (mm)　Get Saved X　0　　OK

Y-offset: 0 (mm)　Get Saved Y　0　　Cancel

Current Saved Vertex　　Edit Saved Vertices

Saved Vertex Not Available!

(a)

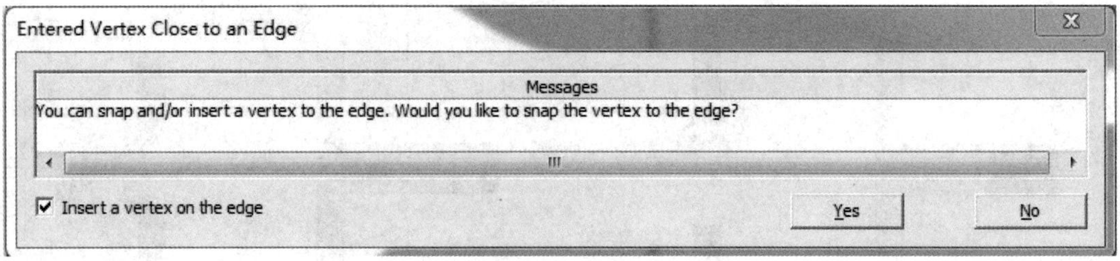

Entered Vertex Close to an Edge

Messages

You can snap and/or insert a vertex to the edge. Would you like to snap the vertex to the edge?

☑ Insert a vertex on the edge　　Yes　　No

(b)

图 4-27　建立电阻端口

同上操作，选中点 12，插入一个偏移 X 轴正向 0.5mm 的顶点，如图 4-28 所示。

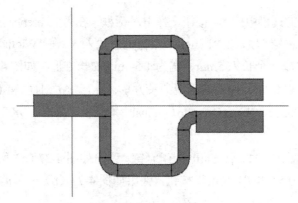

图 4-28　建立另一个电阻端口

选择"Port"→"Port for Edge Group"选项，弹出如图 4-29 所示的对话框，单击"OK"按钮。

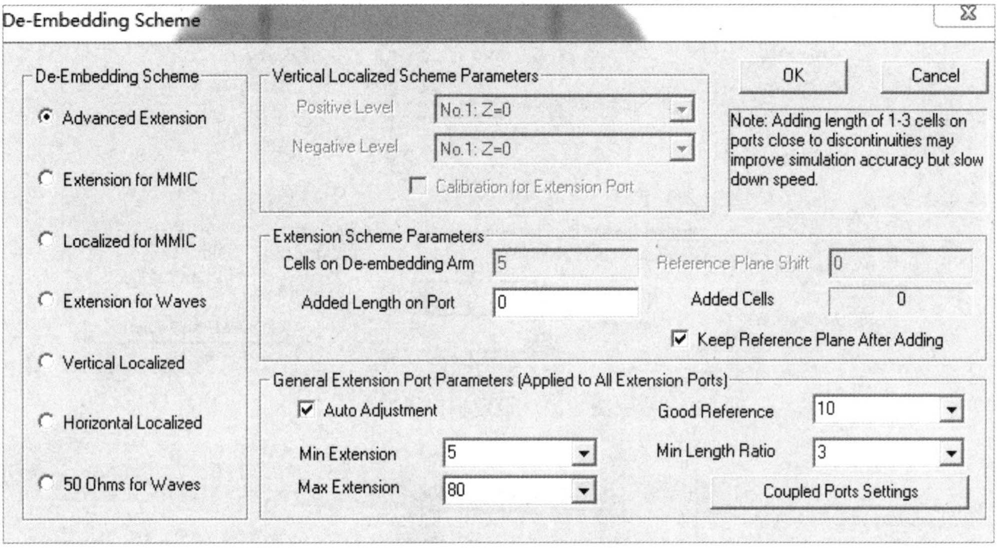

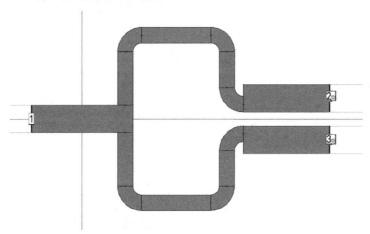

图 4-29　设定端口属性

分别选中左侧长方形的上下两个顶点，建立端口 1；选中右侧两个平行长方形的上下两个顶点，建立端口 2、端口 3，如图 4-30 所示。

图 4-30　建立 3 个端口

选择"Port"→"Port for Edge Group"选项，弹出如图 4-31 所示的对话框，选中"Localized for MMIC"单选按钮，单击"OK"按钮。

选中点 11 和新插入的顶点，建立内部端口 4；选中点 12 和新插入的顶点，建立内部端口 5，如图 4-32 所示。

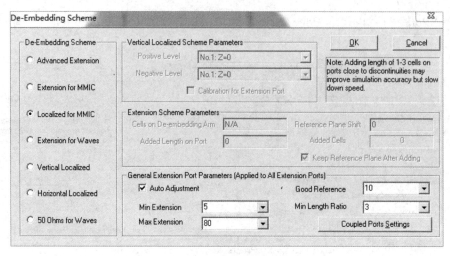

图 4-31　设定端口属性

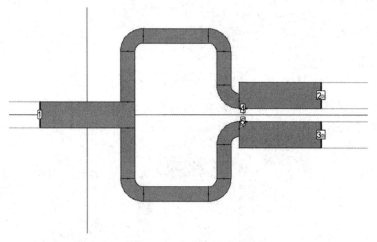

图 4-32　建立内部端口

选择"File"→"Save"选项,保存工程文件。

选择"IE3D-SSD"→"Modua"选项,建立新的窗口,如图 4-33 所示。

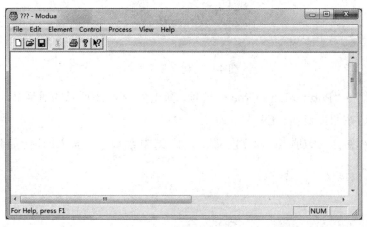

图 4-33　新的窗口

选择"File"→"Add Geometry Module"选项，找到功分器工程文件所在位置，选中工程文件 divider_cs.geo，弹出如图 4-34（a）所示的对话框，单击"OK"按钮，结果如图 4-34（b）所示。

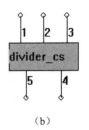

图 4-34　导入文件

选择"Element"→"Port"选项，分别在 1～3 处添加端口，结果如图 4-35 所示。

选择"Element"→"Resistor"选项，弹出如图 4-36 所示的对话框，在数值框中输入 100，单击"OK"按钮，生成 R1，如图 4-37 所示。

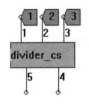
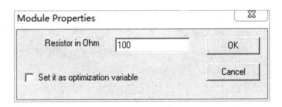

图 4-35　添加端口 1～端口 3　　　　　　图 4-36　设定阻值

选择"Element"→"Connection"选项，连接模块的端口 5 和电阻的端口 1，以及模块的端口 4 和电阻的端口 2，如图 4-38 所示。

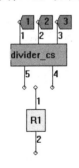
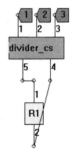

图 4-37　生成 R1　　　　　　图 4-38　连接端口

4.3　仿真计算

选择"Process"→"Simulate"选项，弹出如图 4-39 所示的对话框，设置起始频率为 2GHz、截止频率为 6GHz，点数为 1001，单击"Enter"按钮，并单击"OK"按钮。

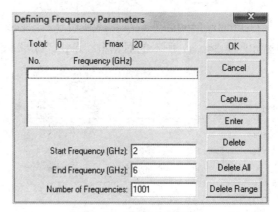

图 4-39　频率参数设置

如图 4-40 所示，将"Post-Processing"设置为"Built-In&MODUA"，单击"OK"按钮，开始仿真。仿真结束后，选择"Control"→"Define Display Graph"选项，弹出如图 4-41 所示的对话框，勾选如图所示的复选框，单击"OK"按钮，得到如图 4-42 所示的仿真结果。

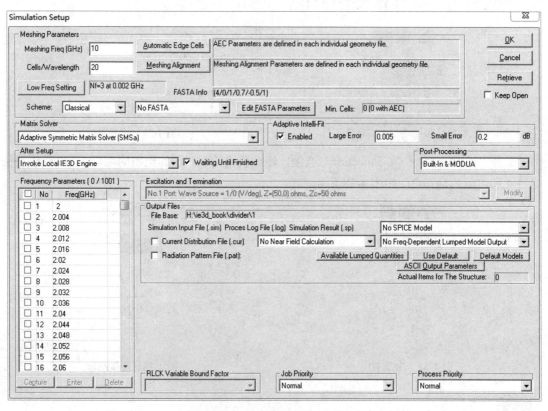

图 4-40　仿真设置参数对话框

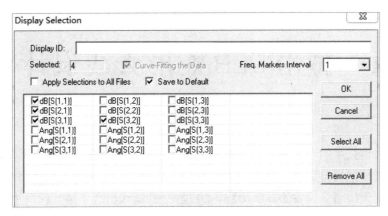

图 4-41 勾选仿真的 S 参数

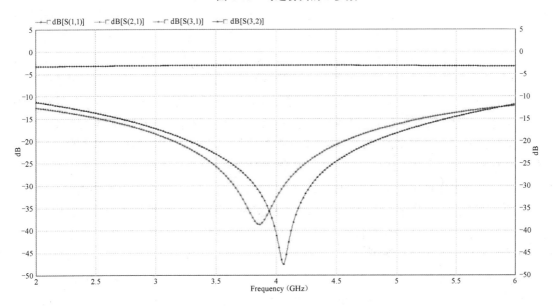

图 4-42 仿真结果

本章简要介绍了如何用 IE3D 设计微带功分器。首先介绍了微带功分器的基本理论；然后介绍了如何用 IE3D 建模设计微带功分器；最后利用 Modua 模块增加电阻，仿真微带功分器的 S 参数。

第 5 章　微带 PCB 蛇形天线设计与仿真

随着移动通信技术的不断发展，手机天线设计也在不断演变。天线是无线通信系统的重要组成部分，其性能直接影响无线通信设备收发信号的质量。手机天线的演变反映了移动通信技术的发展和无线通信设备的发展历程。20 世纪 80 年代出现了第一代商用移动通信技术，该技术依靠模拟信号进行传输，仅应用于语音传输业务，当时的天线类型一般都是偶极子天线或单极子天线。从 20 世纪 90 年代开始，我国开始步入 2G 时代，数字传输取代了模拟传输，伴随着通信频段的提升和天线技术的进步，手机天线的尺寸不断缩小并转变为内置天线。到了 3G 和 4G 时代，互联网技术正式引入手机终端，出现了智能手机，手机的功能变得多样化，手机所需的天线的频段种类和数量也在不断增加，一般需要 4~6 根天线，如 Wi-Fi 天线、蓝牙天线、GPS 天线等。同时，手机的机身紧凑度也在不断提高，因此，天线的设计难度不断加大，当时主流的天线工艺包括 FPC 天线、LDS 天线和金属中框天线。在如今的 5G 时代，信号传输最高已经达到毫米波频段，手机为了满足多频段收发，实现更高的传输速度并应对高频信号衰减问题，内部天线的数量仍在不断增加且普遍超过了 10 根，同时，无线通信设备对天线的精度和稳定性也有了更高的要求。为了应对上述问题，目前的主流方案是在成熟天线工艺的基础上，借助多输入多输出（MIMO）和波束赋形等技术来提高数据传输速度、连接性能和信道带宽等。此外，新材料和天线小型化等技术的引入也在改善天线的性能，以适应不断变化的通信标准和用户需求。

目前，手机天线单元的主要形式包括单极子天线、微带天线、倒 F 天线（IFA）、平面倒 F 天线（Planar Inverted F-shaped Antenna，PIFA）、缝隙天线和陶瓷天线等。在移动通信系统中，应用最广泛的就是 PIFA。PIFA 类似微带天线，它在兼具微带天线的优点的同时，其比吸收率（Specific Absorption Rate，SAR）更低，SAR 反映了信号发射功率中被人体吸收的比例，这在手机设备的设计中尤为重要。

在本章中，首先介绍 PIFA 设计基础，然后简述 PIFA 的演变过程、基本结构、特性参数等，最后通过一个微带 PCB 蛇形天线设计实例介绍如何利用 IE3D 设计仿真天线。

5.1　PIFA 设计基础

5.1.1　PIFA 的演变过程

1. 单极子天线和倒 L 天线

单极子天线是最早出现的手机天线类型之一，它从半波长偶极子天线演变而来。如图 5-1（a）

所示，根据镜像原理，将半波长偶极子天线的其中一根导线去除，并引入接地面，这样可以巧妙地将天线的长度减少一半，即 $l = \frac{1}{4}\lambda$，这就是 1/4 波长单极子天线。

在设计单极子天线时，可以将其等效为半波长偶极子天线进行分析，但由于单极子天线引入了接地面，其只在金属导体的上半部分空间有电场辐射，因此它的辐射功率仅有半波长偶极子天线的辐射功率的一半，从而，单极子天线的辐射电阻也只有半波长偶极子天线的辐射电阻的一半，约为 36.6Ω。而对于方向性系数，单极子天线与半波长偶极子天线是一致的。

在手机终端上，单极子天线一般被制作在 PCB 上，通过微带线进行馈电。单极子天线的优点在于制作简单、具有良好的辐射特性且输入阻抗为纯电阻，易于匹配。单极子天线的缺点是需要预留大量空间以满足其对净空区的要求，随着手机终端内部器件排布不断紧凑化，单极子天线在手机终端逐渐被淘汰。

如图 5-1（b）所示，直接将单极子天线折倒，便制成了倒 L 天线，由此减小了天线的尺寸。相比于单极子天线，倒 L 天线的剖面更低，辐射特性也比较好。倒 L 天线的有效部分为天线的高度 H 和天线的长度 L 的总和，即 $H + L = \frac{1}{4}\lambda$。

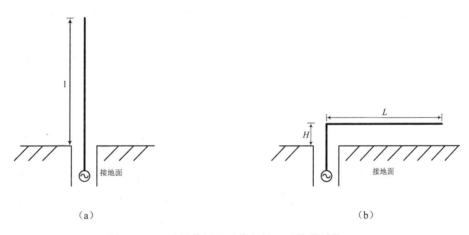

图 5-1　1/4 波长单极子天线和倒 L 天线的结构

当天线折倒而靠近接地面时，其平行于接地面的部分会与接地面耦合，形成对地容性分量，这会大大影响天线的输入阻抗特性，使得天线的匹配度变差。

2．IFA

如图 5-2 所示，为了解决倒 L 天线不易进行阻抗匹配的问题，在倒 L 天线弯折的拐角处添加一节接地短路线，形成 IFA。接地短路线可以增加天线的感性分量以平衡天线与接地面耦合形成的容性分量，达到调节天线的输入阻抗特性的目的。

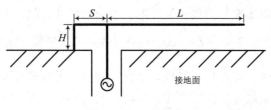

图 5-2　IFA 的结构

通常情况下，H 和 L 的长度之和约等于 1/4 波长，即 $H+L \approx \dfrac{1}{4}\lambda$。但对 PCB FIA 而言，天线制作在 PCB 的介质层中，因此，H 和 L 的长度相加的总和一般设定为介于 1/4 自由空间波长和 1/4 介质层波导波长之间的某个值。在工程应用中，有以下经验公式供读者参考，可以在设计时节省时间：

$$L + H = \frac{\lambda_0}{4\sqrt{(1+\varepsilon_r)/2}}$$

其中，λ_0 为自由空间波长；ε_r 为介质层的介电常数。

在进行 IFA 的设计分析时，主要有 3 个参数影响天线的输入阻抗和谐振频率特性，它们分别是天线的高度 H、接地短路线的接地点与馈线的水平距离 S 及水平天线的长度 L。通过理论推导量化这 3 个参数对天线性能的影响比较困难，但可以根据设计经验给出其对不同天线性能的影响的一般规律。利用控制变量法，在保持其他两个参数不变的情况下，有以下结论。

- 水平天线的长度 L 对输入阻抗和谐振频率的影响最明显，当 L 增大时，天线的输入阻抗减小、谐振频率降低；反之，当 L 减小时，天线的输入阻抗增大、谐振频率升高。
- 当天线的高度 H 增大时，天线的输入阻抗的电阻和电抗分量增大、谐振频率降低；反之，当天线的高度 H 减小时，天线的输入阻抗的电阻和电抗分量减小、谐振频率升高。
- 当接地短路线的接地点与馈线的水平距离 S 增大时，天线的输入阻抗的电阻和电抗分量减小、谐振频率升高；反之，当接地短路线的接地点与馈线的水平距离 S 减小时，天线的输入阻抗的电阻和电抗分量增大、谐振频率降低。

从理论上来说，只要平衡好上述 3 个参数的关系，就能够设计出任何谐振频率的 IFA，同时，它的输入阻抗能够完美匹配 50Ω 纯电阻。这样，天线就不需要额外添加任何阻抗匹配电路就能实现电路的匹配设计。

3. PIFA

PIFA 由 IFA 演变而来。在 IFA 中，由于其主体和接地短路线都是细金属导线，因此，天线的分布电感大幅增加，而分布电容较小。这将造成天线有很大的 Q 值及较窄的带宽。为了拓展天线带宽，将细金属导线替换为较宽的微带金属贴片，这样，在增大分布电容的同时减小了分布电感，由此降低了天线的 Q 值，最终达到拓展天线带宽的目的，这就是 PIFA。

PIFA 的典型结构如图 5-3 所示，包括 4 个组成部分，分别是接地面、金属贴片、馈线和接地短路金属片。

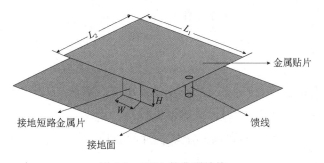

图 5-3　PIFA 的典型结构

其中，接地面作为天线的反射面；金属贴片作为天线的主体，接地面和金属贴片之间一般采用空气作为介质；馈线将射频信号传输到天线；接地短路金属片垂直于金属贴片，用于连接金属贴片和接地面。

PIFA 在某种意义上可以看作具有短路连接的微带天线，其电场辐射主要集中在导体边缘，因此，微带天线的分析设计方法同样适用于 PIFA。

5.1.2　PIFA 设计

本节介绍 PIFA 设计中主要关注的两个性能参数，分别是谐振频率和相对带宽。下面分别详细介绍这两个参数的设计要点，同时列举一些实现多频段工作和拓展天线工作带宽的常见技术。

1. 谐振频率

如图 5-3 所示，在一个典型的 PIFA 结构中，影响其谐振频率的参数主要有 4 个，分别为金属贴片的长度 L_1 和宽度 L_2，以及接地短路金属片的宽度 W 和高度 H。

接地短路金属片的宽度 W 可选择的取值范围是 $[0, L_1]$。当 $W = 0$ 时，有 $\dfrac{\lambda}{4} = H + L_2$，于是可以得出此时天线的谐振频率 f_1：

$$f_1 = \frac{c}{4(H + L_2)}$$

其中，c 代表真空光速。

当 $W = L_1$ 时，有 $\dfrac{\lambda}{4} = H + L_1 + L_2$，于是可以得出此时天线的谐振频率 f_2：

$$f_2 = \frac{c}{4(H + L_1 + L_2)}$$

对于其他任意长度的接地短路金属片的宽度 W，可以通过以下公式求得天线的谐振频率：

$$f_r = rf_1 + (1-r)f_2 \qquad L_1 \leqslant L_2$$
$$f_r = r^k f_1 + (1-r^k)f_2 \qquad L_1 > L_2$$

其中，$r = \dfrac{W}{L_1}$；$k = \dfrac{L_1}{L_2}$。

总的来说，在金属贴片的尺寸 $L_1 \times L_2$ 不变的情况下，随着接地短路金属片的宽度 W 的增大，W 和 L_1 的比值 W/L_1 增大，此时天线的谐振频率会升高；反之，保持 W/L_1 不变，通过减小接地短路金属片的宽度 W，可以减小金属贴片的面积，从而达到缩小天线的整体尺寸的目的。

另外，L_1 和 L_2 的比值 L_1/L_2 也会对天线的谐振频率造成影响，当其他参数保持不变时，减小 L_1，可以发现，当 L_1/L_2 减小时，天线的谐振频率会降低。

2．相对带宽

PIFA 的相对带宽受到的接地短路金属片的高度 H 的影响最为明显。当接地短路金属片的高度 H 增大时，天线的相对带宽也会显著增大。但在天线的实际设计过程中，天线的高度会受到整机厚度的限制，这就需要手机工程师在两者间进行权衡。

接地短路金属片的宽度 W 也会影响天线的相对带宽，接地短路金属片的宽度越小，天线的相对带宽越小。

另外，接地面的尺寸也会对天线的相对带宽造成影响。

3．PIFA 多频段工作技术

为了满足不同频率要求下的通信应用，多频段工作逐渐成为天线设计中的关键技术。PIFA 实现多频段工作的常见技术包括两种，分别是在金属贴片上采用双馈点和使用开槽技术。其中，开槽技术由于其受限更少、有更大的调谐频率范围而更受欢迎且应用更加广泛。

4．PIFA 的宽频带技术

常见的拓展 PIFA 带宽的技术有多电流回路设计、加载集总器件、加载高介电常数介质和采用斜边顶板结构等。

5.2 微带 PCB 蛇形天线仿真实例

前面介绍了微带天线的基本原理及其主要性能参数，接下来结合前面讲述的内容，利用 IE3D 来展示一个微带 PCB 蛇形天线的完整设计过程，帮助读者熟悉 IE3D 在微带天线中的应用。

5.2.1 新建工程

双击安装好的 IE3D 的 "Program Manager" 快捷图标 ，打开 IE3D，在弹出的 "HyperLynx 3D EM Program Manager Licen..." 对话框中选择 "HyperLynx 3D EM Designer" 选项，单击 "OK" 按钮；选择 "HyperLynx 3D EM Designer" → "Mgrid" 选项，打开 IE3D 主界面。

选择 "File" → "New" 选项或单击工具栏中的 □ 图标，新建工程，并打开 "Basic Parameters" 对话框。

如图 5-4 所示，在 "Basic Parameters" 对话框中，将 "Length" 选区中的 "Unit" 设置 为 "mm"。单击 "Layouts and Grids" 选区中的 □ 按钮，将栅格大小设置成 0.025mm，此处 软件默认值就是 0.025mm，故无须更改。

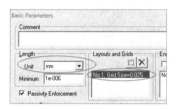

图 5-4 单位类型和网格大小设置

在 "Basic Parameters" 对话框的 "Meshing Parameters" 选区中，单击 "Automatic Edge Cells" 按钮，弹出 "Automatic Meshing Parameters" 对话框，如图 5-5 所示。在 "Basic Parameters" 选区的 "Highest Frequency(GHz)"（最高频率）数值框中输入 3，在 "Cells per Wavelength"（每波长格数）数值框中输入 10。其中，最高频率的值由待仿真天线的工作频率而定，若想获 得更加准确的仿真结果，则可以适当增大每波长格数的值。勾选 "Meshing Optimization"（网 格优化）复选框，开启网格优化功能。在 "Automatic Edge Cells Parameters"（自动化边缘网 格参数）选区中，在 "AEC Layers" 下拉列表中选择 "1" 选项，在 "AEC Ratio" 数值框中输 入 0.002。单击 "OK" 按钮，返回 "Basic Parameters" 对话框。

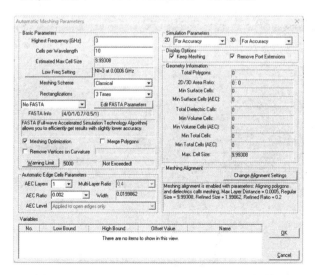

图 5-5 "Automatic Meshing Parameters" 对话框

如图 5-6 所示，在"Basic Parameters"对话框中，双击"No.1:D"条目，进入"Edit No.1 Substrate Layer"（介质基板层设置）对话框，在"Comment"（释义）文本框中输入 FR4，在 "Top Surface, Ztop"（介质基片厚度）数值框中输入 1.6，在"Dielectric Constant, Epsr"（介电常数）数值框中输入 4.4，在"Loss Tangent for Epsr, TanD(E)"（损耗角正切）数值框中输入 0.02，单击"OK"按钮，完成 FR4 介质基板层参数的设置并返回"Basic Parameters"对话框。

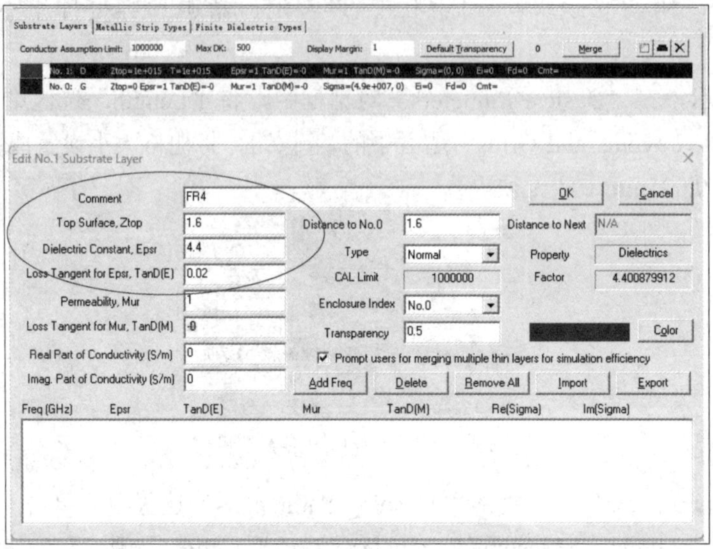

图 5-6　FR4 介质基板层参数设置

如图 5-7 所示，在"Basic Parameters"对话框中，双击"No.0:G"条目，进入"Edit No.0 Substrate Layer"（介质基板层设置）对话框，在"Real Part of Conductivity(S/m)"（电导率实部）数值框中输入 0，单击"OK"按钮，完成接地面参数的设置并返回"Basic Parameters"对话框。注：此设置使得接地面为有限大小，若想要求接地面无限大，则保持默认设置即可。

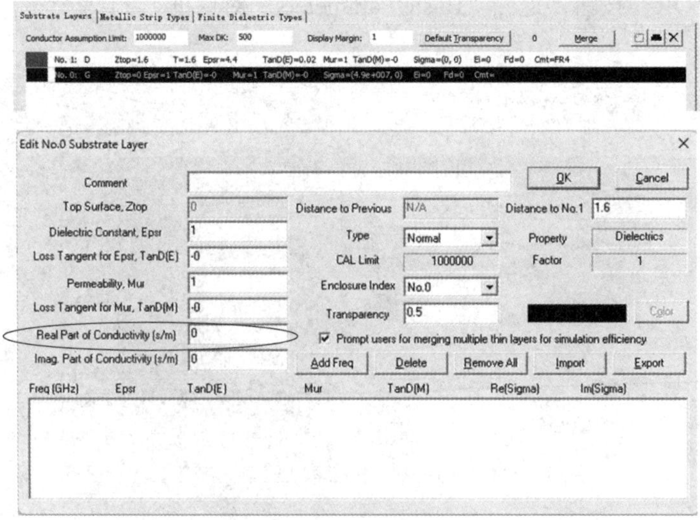

图 5-7　接地面参数设置

完成介质基板层参数设置后，在"Basic Parameters"对话框中单击"OK"按钮，返回 IE3D 主界面。

5.2.2　天线结构建模

在 IE3D 主界面中，选择"Entity"→"Rectangle"选项或单击工具栏中的 ▨ 按钮，打开 "Rectangle"对话框，如图 5-8 所示。在"Z-coordinate"数值框中输入 1.6，在"Length"（长度）数值框中输入 46.46，在"Width"（宽度）数值框中输入 15，单击"OK"按钮，完成天线金属贴片的建模设置。

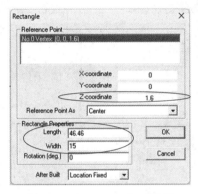

图 5-8　"Rectangle"对话框

在 IE3D 主界面中，选择"Entity"→"Rectangle"选项，打开"Rectangle"对话框。在 "X-coordinate"数值框中输入-8，在"Y-coordinate"数值框中输入 1.25，在"Z-coordinate"数值框中输入 1.6，在"Length"数值框中输入 2，在"Width"数值框中输入 12.5，单击"OK"按钮，如果弹出询问对话框，则单击"No Action"按钮，完成第一个矩形凹槽的绘制，如图 5-9 所示。

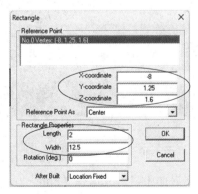
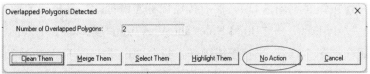

图 5-9　天线矩形凹槽建模

由于本 PCB 蛇形天线设计中需要挖 3 个凹槽，故类似上一步骤，重复两次操作。也就是说，在 IE3D 主界面中，选择"Entity"→"Rectangle"选项，打开"Rectangle"对话框，在"X-coordinate"数值框中分别输入 0 和 8，在"Y-coordinate"数值框中分别输入-1.25 和 1.25，在"Z-coordinate"数值框中均输入 1.6，长宽尺寸与第一个矩形凹槽一致，即在"Length"数值框中输入 2，在"Width"数值框中输入 12.5，单击"OK"按钮。如果出现询问对话框，则单击"No Action"按钮。完成剩余两个矩形凹槽的绘制。单击工具栏中的 ₳ᴸᴸ 按钮，出现当前设计电路的完整视图，如图 5-10 所示。

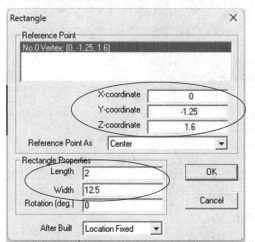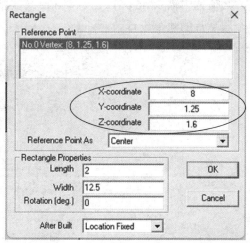

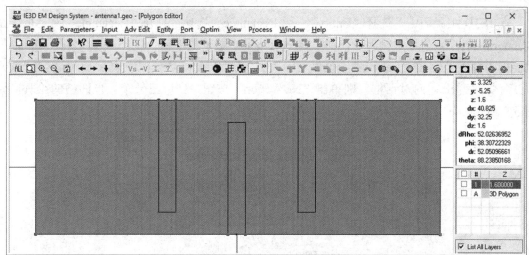

图 5-10　剩余矩形凹槽的绘制

如图 5-11 所示，在 IE3D 主界面中，首先选择"Edit"→"Select Polygon Group"选项或单击工具栏中的 按钮（见图 5-11），然后按住鼠标左键拖动，并框选前面绘制的 3 个矩形凹槽；最后选择"Adv Edit"→"Build Holes and Vias from Selected Polygons"选项或单击工具栏中的 按钮（见图 5-11），执行挖槽操作，将会弹出"Build Holes and Vias from Selected Polygons"（由选中多边形建孔或通孔）对话框。

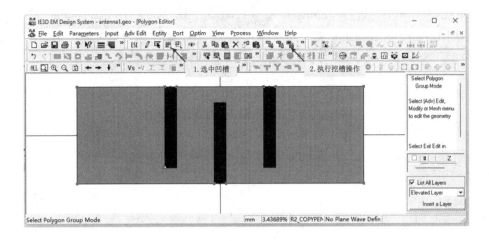

图 5-11　由选中多边形执行挖槽操作

如图 5-12 所示，在"Build Holes and Vias from Selected Polygons"对话框中，将槽的深度设置为 1.6mm，选中"Clear the hole"单选按钮，单击"OK"按钮，完成挖槽操作。单击工具栏中的 ⅢLL 按钮，出现当前设计电路的完整视图，如图 5-13 所示。

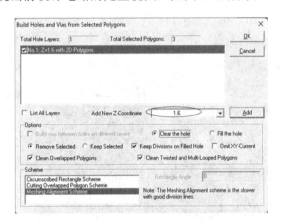

图 5-12　"Build Holes and Vias from Selected Polygons"对话框

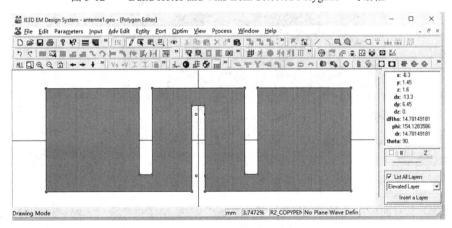

图 5-13　天线金属贴片建模

在 IE3D 主界面中，选择"Entity"→"Rectangle"选项，打开"Rectangle"对话框，如图 5-14 所示。在"Z-coordinate"数值框中输入 0，在"Length"数值框中输入 55，在"Width"数值框中输入 55，单击"OK"按钮，完成天线介质基片的建模设置。

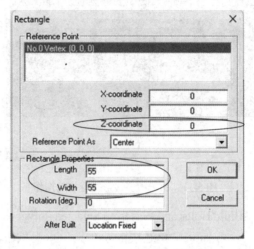

图 5-14   "Rectangle"对话框

单击工具栏中的 ALL 按钮，出现当前设计电路的完整视图，如图 5-15 所示。

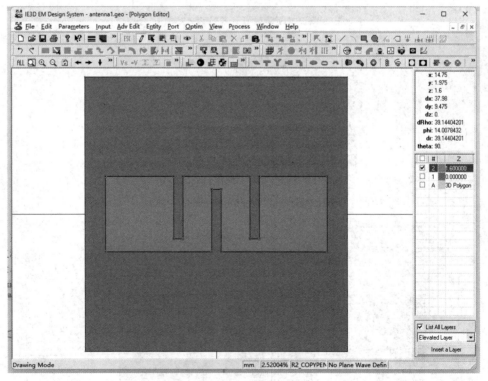

图 5-15   天线建模平面视图

在 IE3D 主界面中，选择"File"→"Save as"选项，打开"Save As"对话框，选择工程文件的存储路径，输入自定义的工程文件名称，单击"保存"按钮，将当前工程文件另存为备份。

如图 5-16 所示，在 IE3D 主界面中，选中层级面板中的金属贴片层 `2  1.600000`，选择 "Entity"→"Conical Via" 选项或单击工具栏中的 按钮，打开 "Conical Via Parameters"（锥形通孔参数）对话框。在 "X" 数值框中输入 18，在 "Y" 数值框中输入 5，确定接地孔的位置；在 "Number of Segments for Circle"（通孔分段数）数值框中输入 10，此时接地孔呈圆形；在 "Start Radius"（起始半径）数值框中输入 0.65，在 "End Radius(>0)"（结束半径）数值框中输入 0.65，规定通孔起始点和结束点的孔径大小；在 "Dividing Option"（分割选项）下拉列表中选择 "From Square" 选项。单击 "OK" 按钮，接地孔创建完成。

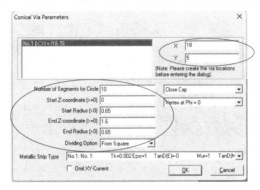

图 5-16　创建接地孔

单击工具栏中的 按钮，出现当前设计电路的完整视图，如图 5-17 所示。

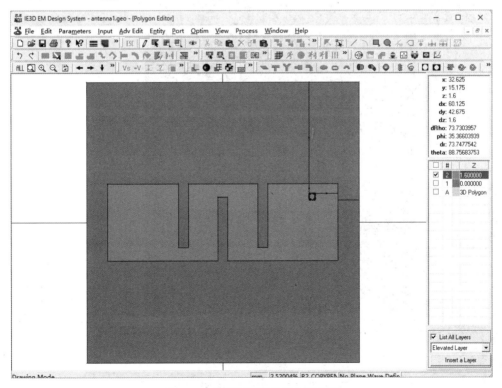

图 5-17　天线创建接地孔后的视图

如图 5-18（a）所示，在 IE3D 主界面中，选中层级面板中的金属贴片层 ▩ 2 ▩ 1.600000 ，选择"Entity"→"probe-Free to patch"选项或单击工具栏中的 ▩ 按钮，打开"Probe-Feed To Patch"（馈线探针-贴片）对话框。在"X"数值框中输入-20.5，在"Y"数值框中输入 5，单击"Enter"按钮，确定馈线探针孔的位置；在"Number of Segments for Circle"（通孔分段数）数值框中输入 10，此时馈线探针孔呈圆形；在"Radius(>0)"（半径）数值框中输入 0.65，确定馈线探针孔的孔径大小；在"Dividing Option"下拉列表中选择"From Square"选项。单击"OK"按钮，馈线探针孔创建完成，如图 5-18（b）所示。

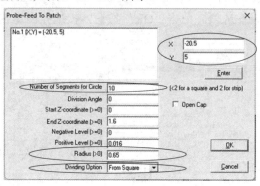

（a）

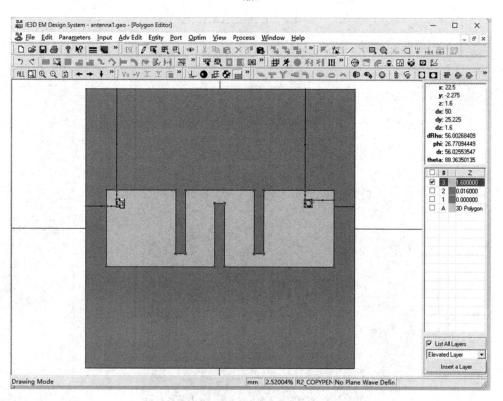

（b）

图 5-18　创建馈线探针孔

在 IE3D 主界面中，选择"Window"→"3D Geometry Display"选项或单击工具栏中的
⬤ 按钮，打开电路的三维视图。

单击工具栏中的 按钮，出现当前设计电路的完整三维视图，如图 5-19 所示。

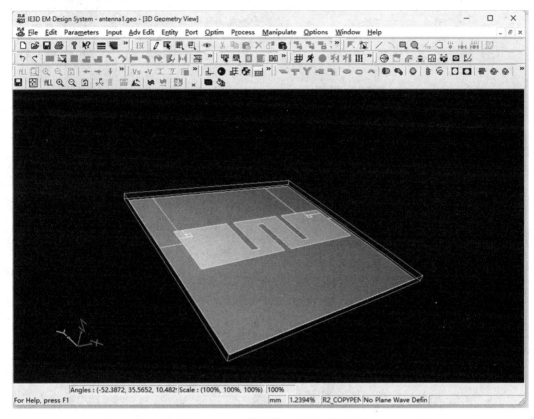

图 5-19　PCB 微带蛇形天线三维视图

选择"Window"→"Polygon Edit"选项或单击工具栏中的 ⊥ 按钮，返回电路编辑界面。
选择"File"→"Save as"选项，打开"Save As"对话框，选择工程文件的存储路径，输入自
定义的工程文件名称，单击"保存"按钮，将当前工程文件另存为备份。至此，微带 PCB 蛇
形天线结构建模完成。

5.2.3　天线仿真分析

在 IE3D 主界面中，选择"Process"→"Simulate"选项或单击工具栏中的 🏃 按钮，打开
"Simulation Setup"对话框，如图 5-20 所示。

在"Simulation Setup"对话框的"Meshing Parameters"选区中单击"Automatic Edge Cells"
按钮，打开"Automatic Meshing Parameters"对话框，如图 5-21 所示。在"AEC Ratio"数值
框中输入 0.003，将"Width"的值调整至 0.02 左右，保证仿真精度。检查确认网格参数设置，
单击"OK"按钮，返回"Simulation Setup"对话框。

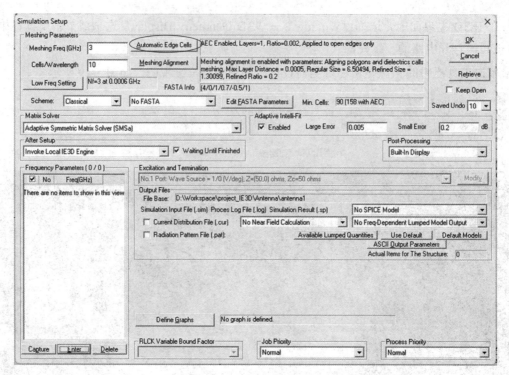

图 5-20   "Simulation Setup"对话框

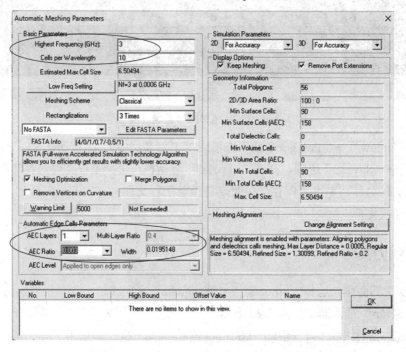

图 5-21   "Automatic Meshing Parameters"对话框

如图 5-22 所示，在"Simulation Setup"对话框中，单击"Frequency Parameters(0/0)"选区中的"Enter"按钮，弹出"Enter Frequency Range"（频率范围设置）对话框。在"Start Freq(GHz)"数值框中输入 2，在"End Freq(GHz)"数值框中输入 3，在"Number of Freq"数

值框中输入 401，单击"OK"按钮，完成仿真频率范围设置，返回"Simulation Setup"对话框。

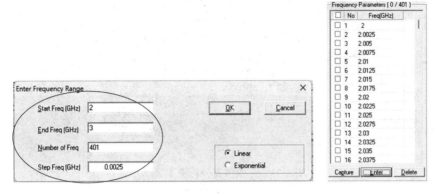

图 5-22　仿真频率范围设置

如图 5-23（a）所示，在"Simulation Setup"对话框中，选中"Frequency Parameters(401/401)"选区表头中的复选框，将所有仿真频点全部选中；单击"OK"按钮，开始天线工程文件的仿真。若弹出询问对话框，则单击"是"或"Yes"按钮，如图 5-23（b）、（c）所示。耐心等待仿真完成，如图 5-23（d）所示。

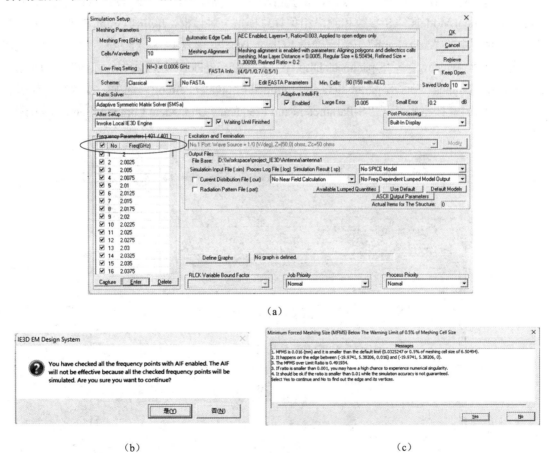

（a）

（b）　　　　　　　　　　　　　　　（c）

图 5-23　开始仿真分析操作

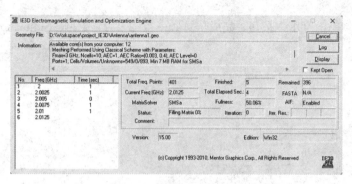

（d）

图 5-23　开始仿真分析操作（续）

5.2.4　查看仿真分析结果

1. 回波损耗 S_{11} 图

（1）方法 1。

如图 5-24 所示，天线仿真结束后，将会自动弹出 "S-Parameters and Frequency Dependent Lumped Element Models"（S 参数和频率相关集总模型）对话框，单击 "Graph Definition"（图表定义）选区中的 "Add Graph" 按钮，弹出 "Graph Type"（图表类型）对话框。注：可以通过在主界面中选择 "Window" → "S-parameter Display" → "Defining Plots" 选项或 "Window" → "Display S-parameters Graphs" → "S-parameters and Lumped Equivalent circuit" 选项，或者在主界面的工具栏中单击 🌐 按钮来打开 "S-Parameters and Frequency Dependent Lumped Element Models" 对话框。

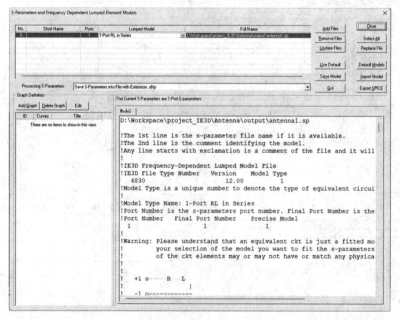

图 5-24　S 参数和频率相关集总模型对话框

如图 5-25 所示，在"Graph Type"对话框中，选择"S-Parameters"选项，单击"OK"按钮，弹出"Display Selection for the Graph"（图表显示选项）对话框。勾选 S(1,1)对应的"dB"复选框，单击"OK"按钮，返回"S-Parameters and Frequency Dependent Lumped Element Models"对话框。单击"Close"按钮。对话框关闭后将显示 S_{11} 图形。

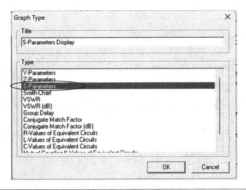

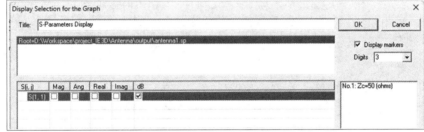

图 5-25　回波损耗 S_{11} 图形显示设置

（2）方法 2。

在天线的 IE3D 主界面中，选择"Process"→"Display"→"Display S-Parameter"选项，弹出文件选择对话框，如图 5-26 所示。选择 output 文件夹中的"工程名.sp"文件（这里为"antenna1.sp"文件），打开 Modua 仿真界面。

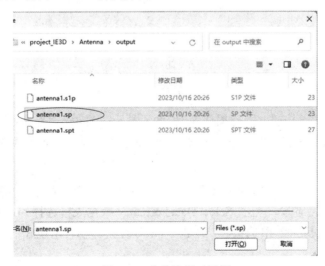

图 5-26　文件选择对话框

　　在 Modua 仿真界面中，选择"Control"→"Define Display Graph"选项，弹出"Display Parameters"对话框，如图 5-27（a）所示。选择"dB and Phase of S-Parameters"选项，单击"OK"按钮，弹出"Display Selection"（显示选项）对话框。如图 5-27（b）所示，选中"dB[S(1,1)]"复选框，单击"OK"按钮，将显示 S_{11} 的图形。

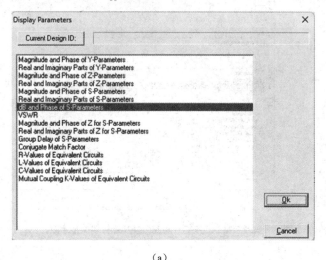

（a）

（b）

图 5-27　S 参数图形显示设置

　　单击侧边栏中的 ALL 按钮，回波损耗 S_{11} 的图形显示在 IE3D 主界面中，如图 5-28 所示。选中图例中的 dB[S(1,1)]复选框，单击图形中所需记录的频点，该点的频率和 S_{11} 的值将会被记录到侧边表格中。

　　如图 5-29 所示，在 S_{11} 的图形的显示界面中单击鼠标右键，在弹出的快捷菜单中选择"Browse Graph Data..."选项，弹出"Select Data Format"（数据表格选择）对话框，选中"Display only one frequency column"单选按钮，单击"OK"按钮，将会出现 S_{11} 参数仿真结果的数据列表。

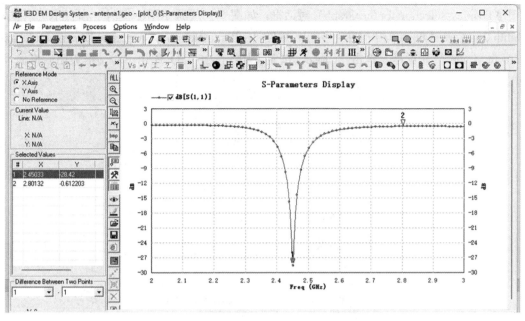

图 5-28　回波损耗 S_{11} 的图形

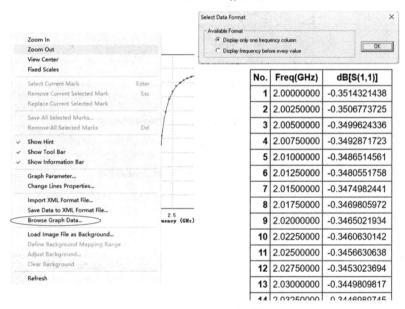

图 5-29　S_{11} 参数仿真结果的数据列表

2．史密斯圆图

（1）方法 1。

在 IE3D 主界面中选择"Window"→"S-Parameter Display"→"Defining Plots"选项或在工具栏中单击 ⊕ 按钮，打开"S-Parameters and Frequency Dependent Lumped Element Models"对话框。单击"Graph Definition"选区中的"Add Graph"按钮，如图 5-30（a）所示，进入"Graph Type"对话框，如图 5-30（b）所示。选择"Smith-Chat"选项，单击"OK"按钮，将

打开"Display Selection for the Graph"对话框,如图 5-30(c)所示。选中"S(1,1)"条目中的"Smith Chat"复选框,单击"OK"按钮,返回"S-Parameters and Frequency Dependent Lumped Element Models"对话框,单击"Close"按钮,如图 5-30(d)所示。对话框关闭后将显示天线的史密斯圆图。

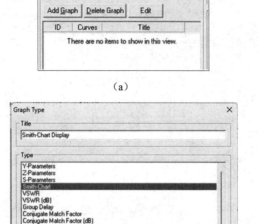

(a)

(b)

(c)

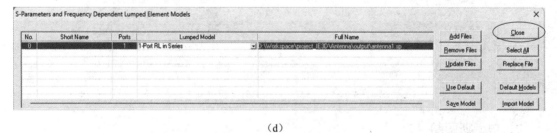

(d)

图 5-30 查看史密斯圆图操作

(2)方法 2。

在 Modua 仿真界面中,选择"Control"→"Define Display Smith Chat"选项,打开"Display Selection"对话框,如图 5-31 所示。选中"S(1,1)"复选框,单击"OK"按钮,将显示天线的史密斯圆图。

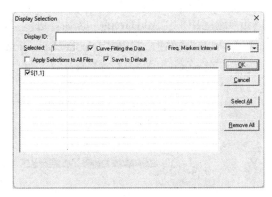

图 5-31　"Display Selection"对话框

如图 5-32 所示，单击侧边栏中的 ALL 按钮，显示天线的史密斯圆图的完整视图，选中图例中的"S(1,1)"复选框，单击图形中所需记录的频点，该点的频率和 S_{11} 的值将会被记录到侧边表格中。

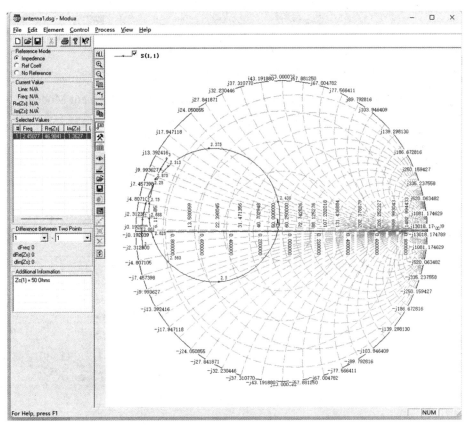

图 5-32　天线的史密斯圆图的完整视图

3. 阻抗关系图

（1）方法 1。

如图 5-33 所示，在"S-Parameters and Frequency Dependent Lumped Element Models"对话

框中，单击"Graph Definition"选区中的"Add Graph"按钮，进入"Graph Type"对话框。选择"Z-Parameters"选项，单击"OK"按钮，打开"Display Selection for the Graph"对话框。

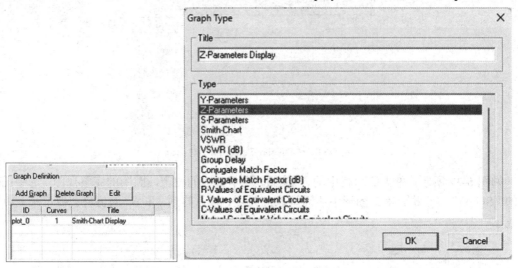

图 5-33　打开天线的阻抗关系图操作之一

如图 5-34 所示，选中"z(1,1)"条目中阻抗的实部"Real"和虚部"Imag"复选框，单击"OK"按钮，返回"S-Parameters and Frequency Dependent Lumped Element Models"对话框，单击"Close"按钮。对话框关闭后将显示天线的阻抗关系图。

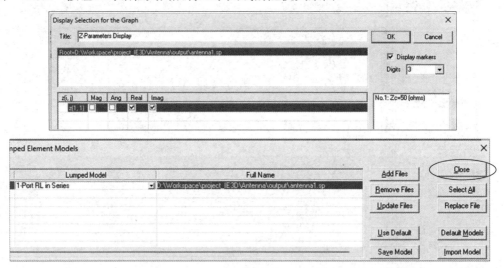

图 5-34　打开天线的阻抗关系图操作之二

（2）方法 2。

在 Modua 仿真界面中，选择"Control"→"Define Display Graph"选项，打开"Display Parameters"对话框，如图 5-35（a）所示。选择"Real and Imaginary Parts of Z-Parameters"选项，单击"OK"按钮，打开"Display Selection"对话框。选中"Re[Z(1,1)]"和"Im[Z(1,1)]"复选框，单击"OK"按钮，如图 5-35（b）所示，将显示天线的阻抗关系图。

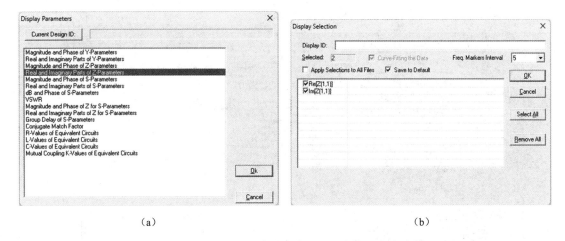

（a）   （b）

图 5-35　在 Modua 仿真界面中打开天线的阻抗关系图

如图 5-36 所示，在天线的阻抗关系图中，包括实部阻抗和虚部阻抗两条曲线，两条曲线以不同的颜色区分。

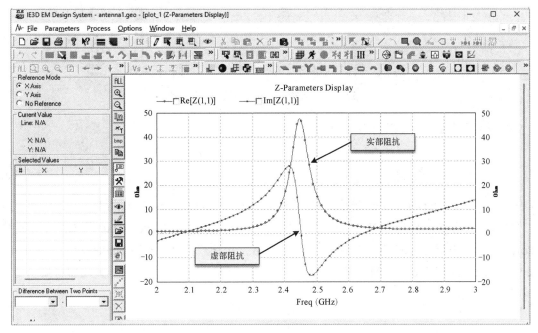

图 5-36　天线的阻抗关系图

如图 5-37 所示，在 Modua 仿真界面中，选择"Control"→"Define Display Data..."选项，打开"Display Parameters"对话框；选择"Real and Imaginary Parts of Z-Parameters"选项，单击"OK"按钮，打开"Display Selection"对话框；选中"Re[Z(1,1)]"和"Im[Z(1,1)]"复选框，单击"OK"按钮，将显示天线的阻抗关系数据列表，其中列出了不同频点的实部和虚部的阻抗值。

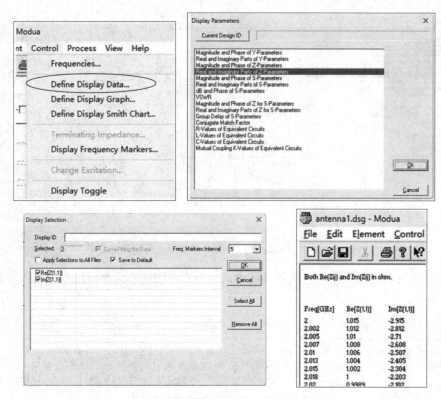

图 5-37　显示天线的阻抗关系数据列表操作

4. 电压驻波比（VSWR）关系图

（1）方法 1。

如图 5-38 所示，在"S-Parameters and Frequency Dependent Lumped Element Models"对话框中，单击"Graph Definition"选区中的"Add Graph"按钮，进入"Graph Type"对话框；选择"VSWR"选项，单击"OK"按钮，打开"Display Selection for the Graph"对话框；选中"Port(1)"条目中的"VSWR"复选框，单击"OK"按钮，返回"S-Parameters and Frequency Dependent Lumped Element Models"对话框；单击"Close"按钮。对话框关闭后将显示电压驻波比关系图。

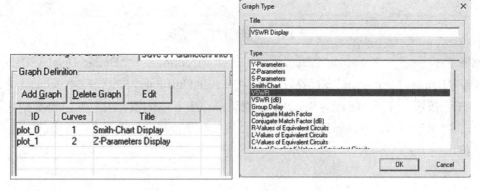

图 5-38　打开电压驻波比关系图操作

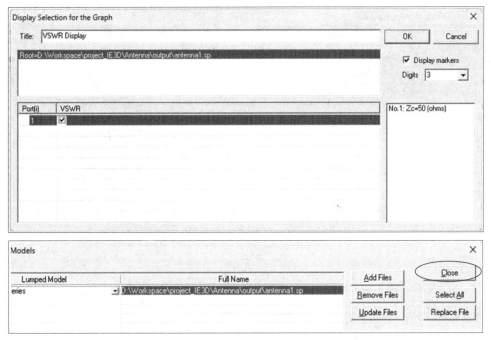

图 5-38　打开电压驻波比关系图操作（续）

（2）方法 2。

在 Modua 仿真界面中，选择"Control"→"Define Display Graph"选项，打开"Display Parameters"对话框，如图 5-39（a）所示。选择"VSWR"选项，单击"OK"按钮，打开"Display Selection"对话框。选中"Port 1"复选框，单击"OK"按钮，如图 5-39（b）所示，将显示电压驻波比关系图。

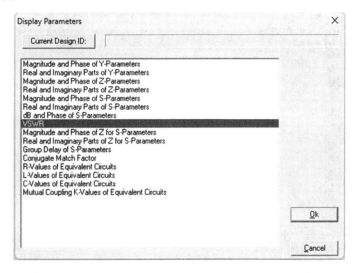

（a）

图 5-39　在 Modua 仿真界面中打开电压驻波比关系图

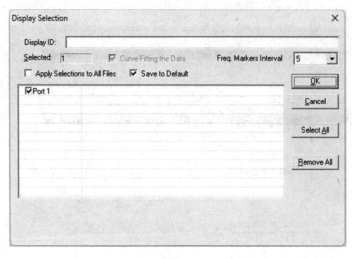

（b）

图 5-39　在 Modua 仿真界面中打开电压驻波比关系图（续）

　　如图 5-40 所示，单击侧边栏中的 ALL 按钮，显示电压驻波比关系图的完整视图，选中图例中的"Port 1"复选框，单击图形中所需记录的频点，该点的频率和电压驻波比的值将会被记录到侧边表格中。

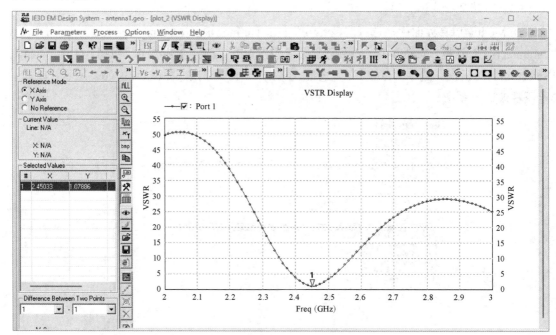

图 5-40　电压驻波比关系图的完整视图

　　如图 5-41 所示，在电压驻波比关系图显示界面中单击鼠标右键，在弹出的快捷菜单中选择"Browse Graph Data..."选项，弹出"Select Data Format"对话框，选中"Display only one frequency column"单选按钮，单击"OK"按钮，将会出现电压驻波比仿真结果的数据列表。

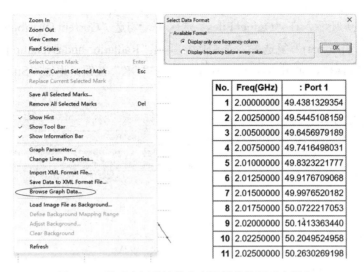

图 5-41　显示电压驻波比仿真结果的数据列表操作

5.2.5　天线辐射场强方向图

在 IE3D 主界面中，选择"Process"→"Simulate"选项或单击工具栏中的 🏃 按钮，打开"Simulation Setup"对话框，如图 5-42 所示。

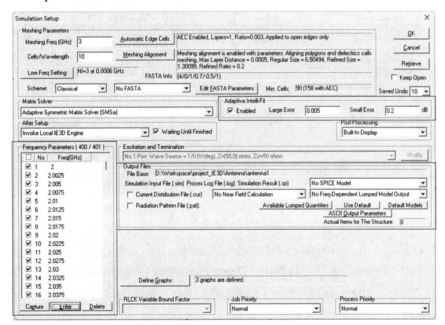

图 5-42　"Simulation Setup"对话框

如图 5-43 所示，在"Adaptive Intelli-Fit"选区中，取消选中"Enabled"复选框。

图 5-43　"Adaptive Intelli-Fit"选区

如图 5-44（a）所示，在"Output Files"选区中，勾选"Current Distribution File(.cur)"和"Radiation Pattern File(.pat)"复选框。选中后将弹出"Radiation and Excitation Parameters"（辐射与激励参数）对话框，如图 5-44（b）所示，单击"OK"按钮，返回"Simulation Setup"对话框。

（a）

（b）

图 5-44　输出文件设置

如图 5-45 所示，在"Frequency Parameters(401/401)"选区中，勾选"No"复选框，选中全部频点，单击"Delete"按钮，将弹出"Delete Frequency Confirmation"（删除频点确认）对话框。选中"Delete All Frequency Points from 2 to 3 GHz"单选按钮，单击"OK"按钮，将所有频点删除。

如图 5-46 所示，单击"Enter"按钮，弹出"Enter Frequency Range"对话框。因为该天线的工作频率是 2.45GHz，所以在"Start Frequency(GHz)"数值框中输入 2.45，单击"OK"按钮，返回"Simulation Setup"对话框。

图 5-45　删除所有频点操作

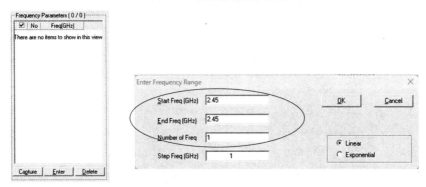

图 5-46　仿真频点范围设置

如图 5-47（a）所示，在"Simulation Setup"对话框中，勾选"Frequency Parameters(1/1)"选区中的"No"复选框，单击"OK"按钮，开始天线辐射场的仿真。若弹出询问对话框，则单击"Yes"按钮，如图 5-47（b）、（c）所示。耐心等待仿真完成，如图 5-47（d）所示。

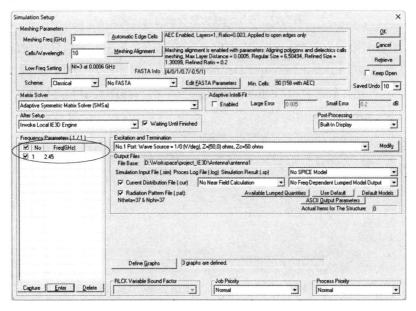

（a）

图 5-47　开始天线辐射场的仿真

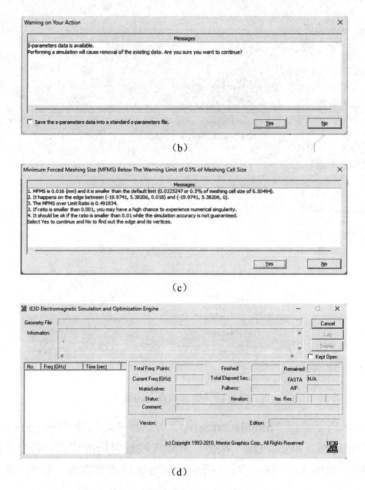

（b）

（c）

（d）

图 5-47　开始天线辐射场的仿真（续）

在 IE3D 主界面中，选择"Window"→"2D Radiation Pattern"→"Define 2D Pattern Plots"
选项或单击工具栏中的 按钮，打开"Define 2D Pattern Plots"对话框，如图 5-48 所示。单
击"Add Plot..."按钮，打开"2D Pattern Display"（二维方向图显示）对话框。

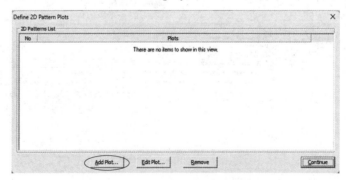

图 5-48　"Define 2D Pattern Plots"对话框

如图 5-49 所示，在"2D Pattern Display"对话框中，在频率下拉列表中选择"2.45"选项，
选中数据表格中"Phi＝0"条目中的"E-theta"和"E-phi"复选框，在"Plot Style"下拉列

表中选择"Polar Plot"选项，单击"OK"按钮，返回"Define 2D Pattern Plots"对话框，单击"Continue"按钮，将会出现 E（X-Z）平面的天线辐射场方向图。

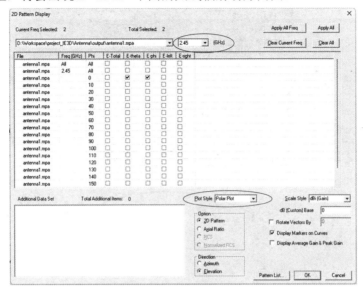

图 5-49 打开 E（X-Z）平面的天线辐射场方向图操作

图 5-50（a）所示为 E（X-Z）平面的天线辐射场方向图，在界面空白处单击鼠标右键，在弹出的快捷菜单中选择"Graph Parameter..."选项，弹出"Polar Parameter"（图参数）对话框，如图 5-50（b）所示。在"Start"数值框中输入-20，在"End"数值框中输入 0，在"Step"（间隔）数值框中输入 2，单击"OK"按钮，改变辐射场的范围，如图 5-50（c）所示。

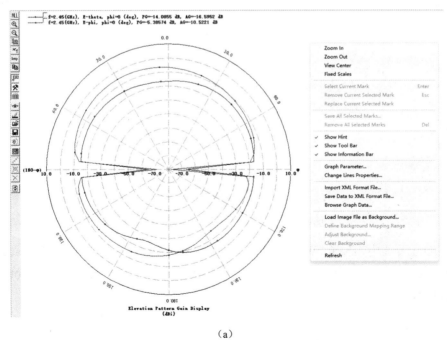

（a）

图 5-50 改变辐射场的范围操作

(b)

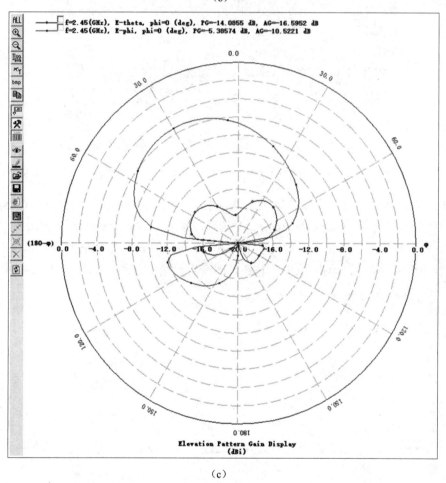

(c)

图 5-50   改变辐射场的范围操作（续）

在 IE3D 主界面中，选择"Window"→"2D Radiation Pattern"→"Define 2D pattern Plots"
选项，再次打开"Define 2D Pattern Plots"对话框，如图 5-51 所示。单击"Add Plot..."按钮，
打开"2D Pattern Display"对话框，如图 5-52 所示。

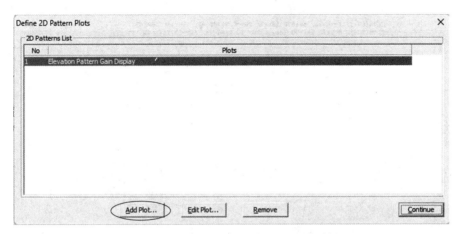

图 5-51　"Define 2D Pattern Plots"对话框

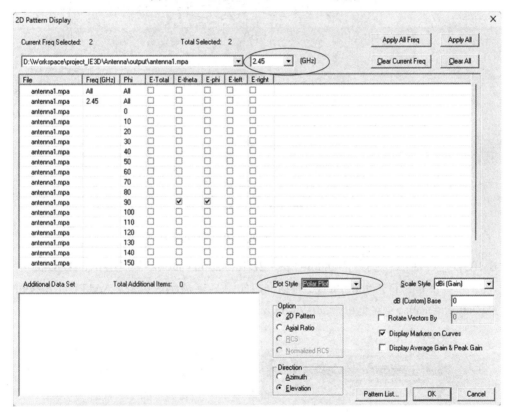

图 5-52　"2D Pattern Display"对话框

在"2D Pattern Display"对话框中，在频率下拉列表中选择"2.45"选项，勾选数据表格中"Phi = 90"条目中的"E-theta"和"E-phi"复选框，在"Plot Style"下拉列表中选择"Polar Plot"选项，单击"OK"按钮，返回"Define 2D Pattern Plots"对话框，单击"Continue"按钮，将会出现 H（Y-Z）平面的天线辐射场方向图，如图 5-53 所示。

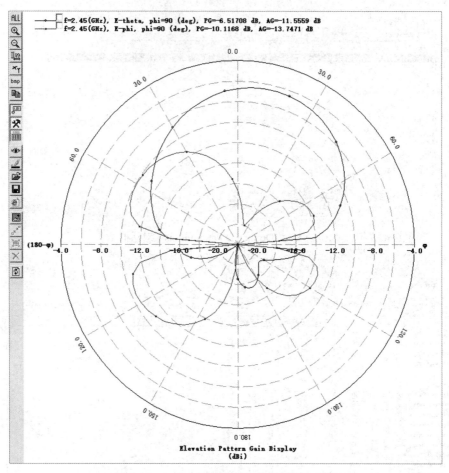

图 5-53　H（X-Z）平面的天线辐射场方向图

在 IE3D 主界面中，选择 "Window" → "2D Radiation Pattern" → "Define 2D pattern Plots" 选项，打开 "Define 2D Pattern Plots" 对话框，如图 5-54 所示。单击 "Add Plot..." 按钮，打开 "2D Pattern Display" 对话框，如图 5-55 所示。

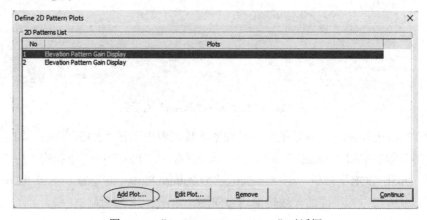

图 5-54　"Define 2D Pattern Plots" 对话框

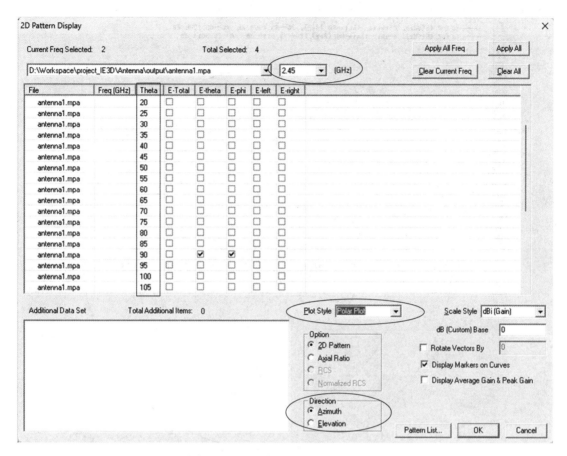

图 5-55　"2D Pattern Display" 对话框

在 "2D Pattern Display" 对话框中，在频率下拉列表中选择 "2.45" 选项，在 "Direction"（方向）选区中，选中 "Azimuth" 单选按钮，此时，表格中的 Phi 列将被替换为 Theta 列。勾选数据表格中 "Theta=90" 条目中的 "E-theta" 和 "E-phi" 复选框，在 "Plot Style" 下拉列表中选择 "Polar Plot" 选项，单击 "OK" 按钮，返回 "Define 2D Pattern Plots" 对话框，单击 "Continue" 按钮，将会出现 X-Y 平面的天线辐射场方向图，如图 5-56 所示。

在 IE3D 主界面中，选择 "Window" → "Display 3D Radiation Pattern" 选项或单击工具栏中的 按钮，打开 "3D Pattern Selection" 对话框，如图 5-57 所示。选中 2.45GHz 条目，在 "Pattern Style"（视图类型）下拉列表中选择 "True 3D" 选项，单击 "OK" 按钮，将会出现天线辐射场方向三维视图，如图 5-58 所示。

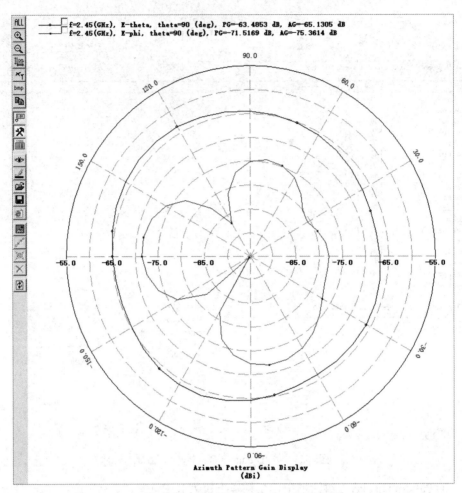

图 5-56 *X-Y* 平面的天线辐射场方向图

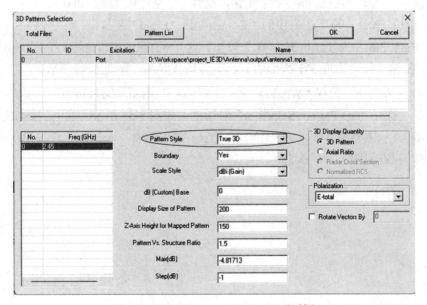

图 5-57 "3D Pattern Selection" 对话框

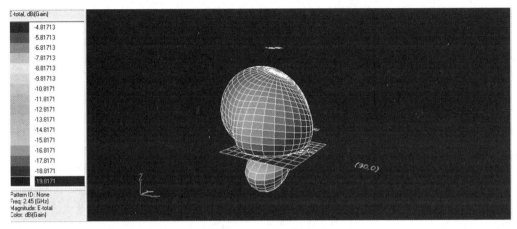

图 5-58　天线辐射场方向三维视图

在天线辐射场方向三维视图中，可以利用鼠标滚轮缩放视图，利用 Shift+鼠标左键移动视图，利用鼠标左键旋转视图。

在 IE3D 主界面中，选择"Window"→"3D Current Distribution Display"选项或单击工具栏中的 按钮，打开电流分布视图。

如图 5-59 所示，在三维电流分布视图显示界面，为方便观察电流分布视图中电流的流向，选择"Options"菜单，取消勾选下拉菜单中的"Show 3D Average Current"选项，同时勾选"Show 3D Vector Current"选项；选择"Set Graph Parameters..."选项，打开"Display Parameters"对话框；调整矢量箭头形状大小（见图中圆圈处），在"Layers"（叠层）选区中，只选中"No.3:Z=1.6"复选框，单击"OK"按钮，返回三维电流分布视图显示界面。

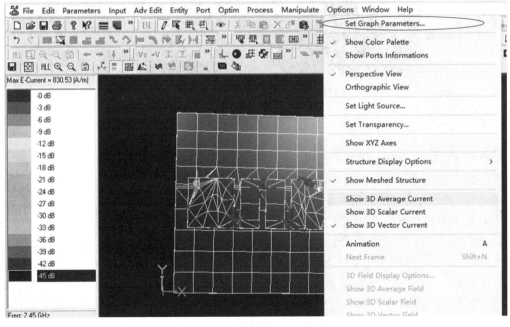

图 5-59　三维电流分布视图相关操作

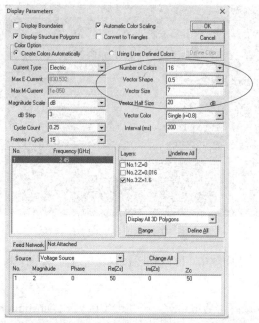

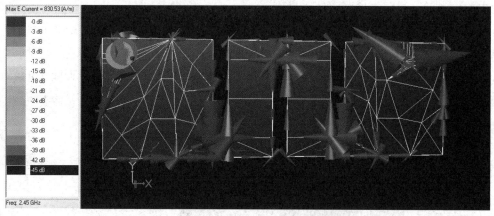

图 5-59　三维电流分布视图相关操作（续）

本章探讨了无线通信设备天线的演变历史和设计原理，以及 IE3D 的应用。首先，追溯了手机天线的发展历程，从外部伸缩天线到内置天线，展现了技术进步的轨迹。然后，着重介绍了 PIFA 的工作原理和结构，这种内置天线在有限空间内表现出色。另外，本章还简单介绍了带宽和谐振频率这两个关键性能参数的设计，并列举了实现多频段工作和拓展天线带宽的常见技术。最后，通过微带 PCB 蛇形天线仿真实例展示了如何使用 IE3D 进行仿真和设计。

IE3D 为工程师设计天线提供了有力工具，同时可以辅助优化天线性能参数。通过本章，读者可以深入了解无线通信设备天线的发展历程和设计要点，同时学会如何应用 IE3D 进行仿真，为将来在工程应用中进行实践和创新打下坚实的基础。

第6章　毫米波微带阵列天线设计与仿真

天线这门学科发展至今已有百年多的历史，随着研究者对电磁现象研究的不断深入，对天线的电磁辐射分析也日益成熟，构建的天线结构也逐渐丰富。在分析天线问题时，为了获得天线的特征信息，通常需要首先求得天线辐射体或包围辐射体的封闭面上的电流分布，再由电流分布求出所要求的天线参数。微带天线作为天线的一种，其基础理论仍然是传统电磁辐射。此外，微带天线在阵列设计中具有简洁方便的优势。本章介绍天线辐射的基本理论，以及微带天线的理论基础和工作原理，详细阐述 60GHz 微带阵列天线在 IE3D 中的设计与仿真的具体步骤。

 ## 6.1　天线基础

天线作为电磁波辐射和接收的器件，其主要性能指标包含两类：一类是辐射性能参数，主要包括天线的方向图的主瓣宽度、增益、副瓣电平、极化特性等；另一类是电路性能参数，主要包括天线的输入阻抗、阻抗带宽、匹配程度、效率等。下面对几个重要的性能指标进行介绍。

6.1.1　方向性系数与增益

天线辐射性能的好坏主要通过方向性系数与增益来判断。天线的方向性系数代表了天线辐射能量的集中程度，即天线的定向性。天线的方向性系数是以各向同性的点源为参考的，当发射功率相同时，天线在某一方向上的输出功率密度和辐射点源的输出功率密度的比值即天线的方向性系数：

$$D(\theta,\varphi)=\frac{W(r,\theta,\varphi)}{\dfrac{P_\mathrm{r}}{4\pi r^2}}=\frac{4\pi r^2 W(r,\theta,\varphi)}{P_\mathrm{r}}=\frac{4\pi U(\theta,\varphi)}{P_\mathrm{r}} \tag{6-1}$$

其中，P_r 为天线输出总功率，其表达式为

$$P_\mathrm{r}=\int_0^{2\pi}\int_0^{\pi}U(\theta,\varphi)\mathrm{d}\Omega \tag{6-2}$$

$U(\theta,\varphi)$ 为某一方向上的辐射强度，其表达式为

$$U(\theta,\varphi)=\frac{4\pi r^2 W(r,\theta,\varphi)}{4\pi}=r^2 W(r,\theta,\varphi) \tag{6-3}$$

将 P_r 的表达式代入式（6-1），可得到新的方向性系数的表达式：

$$D(\theta,\varphi) = \frac{4\pi U(\theta,\varphi)}{\int_0^{2\pi}\int_0^{\pi} U(\theta,\varphi)\,\mathrm{d}\Omega} \qquad (6\text{-}4)$$

当辐射强度 $U(\theta,\varphi)$ 在天线的主辐射方向上时，天线的方向性系数最大，为

$$D = \frac{4\pi U_{\max}}{\int_0^{2\pi}\int_0^{\pi} U(\theta,\varphi)\,\mathrm{d}\Omega} \qquad (6\text{-}5)$$

上述方向性系数的计算只考虑了天线的输出功率，但在实际的天线辐射过程中存在功率损耗，这些功率损耗主要是由材料损耗、传输损耗、表面波损耗、阻抗不匹配等原因造成的。因此，需要用天线的增益来表示天线的实际辐射性能。设天线的输入功率为 P_i，则天线的增益的表达式为

$$G(\theta,\varphi) = \frac{4\pi U(\theta,\varphi)}{P_i} \qquad (6\text{-}6)$$

当辐射强度 $U(\theta,\varphi)$ 在天线的主辐射方向上时，天线的增益最大，为

$$G(\theta,\varphi) = \frac{4\pi U_{\max}}{P_i} \qquad (6\text{-}7)$$

可以看出，天线的方向性系数主要针对的是天线的输出功率 P_r，天线的增益主要针对的是天线的输入功率 P_i，最终得到的方向性系数与增益的关系为

$$G = \frac{P_r}{P_i} D = \eta_e D \qquad (6\text{-}8)$$

其中，输出功率 P_r 和输入功率 P_i 的比值 η_e 称为天线的辐射效率，天线的辐射效率越高，天线的功率损耗越低。

6.1.2　方向图

天线的方向图用来描绘天线的远场辐射特性，通过它可以直观地看到天线辐射的能量在空间的分布情况。在二维方向图中，一般采用两个相互正交的 E 平面和 H 平面方向图来进行分析。E 平面方向图用于分析平行于电场方向的辐射能量，H 平面方向图用于分析平行于磁场方向的辐射能量。此外，将方向图函数的最大值归一化为 1 就可以得到天线的归一化方向图，用来对比不同方向图的性能。图 6-1 和图 6-2 给出了不同坐标系下的天线方向图。天线的主瓣是指沿天线主辐射方向的波瓣，其余方向上的波瓣称为副瓣。天线的主瓣宽度是指辐射功率达到一定标准的主瓣角度，工程中一般以最大辐射功率的一半为界限，当方向图的单位为场强时，定义主瓣宽度为主瓣最大辐射方向两侧的两个半功率点之间的夹角，当方向图的单位为 dB 时，定义其为最大分贝值降低 3dB 对应的夹角，因此主瓣宽度被称为 3dB 波束宽度，也被称为半功率波束宽度（HPBW）；按主瓣两侧第一个零点夹角定义的波束宽度称为第一零点波束宽度（FNBW）。天线的辐射能量越集中，天线的波束宽度越窄，定向性越强，增

益越大。

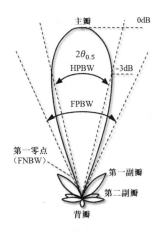

图 6-1 极坐标系下的天线方向图

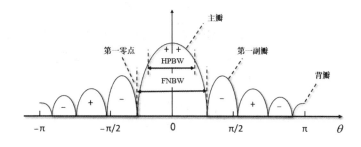

图 6-2 笛卡儿坐标系下的天线方向图

天线的副瓣电平用于衡量天线方向图的好坏，定义为天线副瓣的最大辐射功率（场强）和天线主瓣的最大辐射功率（场强）之比，即

$$\text{SLL}_i = 20 \lg \frac{|E_{i\max}|}{|E_{\max}|} = 10 \lg \frac{|P_{i\max}|}{|P_{\max}|} \quad (6\text{-}9)$$

其中，副瓣电平的单位为 dB。值得一提的是，在天线方向图中，往往涉及辐射功率的比值和辐射场强的比值，为了将两者结果相统一，天线方向图的单位一般用 dB。

6.1.3 输入阻抗和电压驻波比

天线和馈电的连接处称为天线的输入端，输入端的阻抗称为天线的输入阻抗，其表达式为

$$Z_i = \frac{V_i}{I_i} \quad (6\text{-}10)$$

天线的输入阻抗 Z_i 是一个复数，其中，R_i 是输入阻抗的实部，X_i 是输入阻抗的虚部：

$$Z_i = R_i + jX_i \quad (6\text{-}11)$$

R_i 分为辐射电阻 R_r 和损耗电阻 R_{in} 两部分：

$$R_{i} = R_{r} + R_{in} \tag{6-12}$$

当输入电流相同时，天线的辐射功率等价于辐射电阻消耗的功率，天线的损耗功率等价于损耗电阻消耗的功率。

在工程中，一般要求天线的输入电抗为 0，输入电阻为 50Ω，以此来达到天线的输入端和射频前端的其他器件阻抗匹配的目的。当输入端阻抗不匹配时，输入电压无法全部馈入天线，会产生一部分反射波。因此，可以用电压反射系数来衡量输入端阻抗匹配情况。设电压反射系数为 Γ，馈电端的特性阻抗为 Z_c，则天线的输入阻抗和电压反射系数的关系为

$$Z_{i} = Z_{c} \frac{1 + \Gamma}{1 - \Gamma} \tag{6-13}$$

此外，还可以通过电压驻波比（VSWR）来衡量天线的阻抗匹配程度，电压驻波比指的是驻波波腹电压和波谷电压的幅度之比，它与电压反射系数的关系如下：

$$\text{VSWR} = \frac{V_{\max}}{V_{\min}} = \frac{1 + |\Gamma|}{1 - |\Gamma|} \tag{6-14}$$

当电压驻波比接近 1 时，说明输入端的反射损耗低，能量基本都被天线辐射出去了；当电压驻波比趋于无穷大时，说明输入端的反射损耗高，能量基本都被反射回来了。

根据式（6-14）可以反推出电压反射系数与电压驻波比的关系：

$$|\Gamma| = \frac{\text{VSWR} - 1}{\text{VSWR} + 1} \tag{6-15}$$

设 P_{ref} 为天线的反射功率，P_{trans} 为天线的传输功率，P_i 为天线的输入总功率，则电压驻波比和天线功率的比值为

$$\frac{P_{\text{ref}}}{P_{i}} = |\Gamma|^{2} \tag{6-16}$$

$$\frac{P_{\text{trans}}}{P_{i}} = 1 - |\Gamma|^{2} \tag{6-17}$$

工程中也常用反射功率损耗和传输功率损耗来描述天线的阻抗匹配水平，反射功率损耗是输入功率与反射功率之比，也被称为回波损耗，通常用 S_{11} 表示；传输功率损耗是输入功率与传输功率之比，也被称为插入损耗，通常用 S_{21} 表示。两者的表达式分别如下：

$$S_{11}(\text{dB}) = 20 |\lg(\Gamma)| \tag{6-18}$$

$$S_{21}(\text{dB}) = 10 \lg \frac{P_{i}}{P_{\text{trans}}} \tag{6-19}$$

6.1.4 天线带宽

天线带宽是指某一尺度下的天线频带宽度。根据不同的天线类型所要满足的不同参数要求，天线带宽可以分为阻抗带宽、增益带宽、轴比带宽等。一般的天线带宽为天线的绝对带宽，是天线工作的最高频点和最低频点的差值，即

$$\Delta f = f_2 - f_1 \tag{6-20}$$

此外，天线带宽还包括相对带宽，即天线的绝对带宽和中心频率的比值，其表达式为

$$\Delta f = \frac{f_2 - f_1}{f_0} \tag{6-21}$$

工程中，由于天线种类不同，导致对带宽的指标要求也不同。例如，对于阻抗带宽，一般要求其在-10dB 以下；对于增益带宽和轴比带宽，一般要求其在 3dB 以下。

6.2　微带天线的基本理论

微带辐射器的概念首先是由德尚（G.A.Deschamps）在 1953 年提出来的。但是，在随后的一段时间中，对此只有一些零星的研究。直到 1972 年，由于微波集成技术的发展和空间技术对低剖面天线的迫切需求，芒森（R.E.Munson）和豪威尔（J.Q.Howel）等研究者制成了第一批实用的微带天线，国际上对微带天线随之展开了广泛的研究和应用。微带天线发展至今，其基本类型主要有微带贴片天线（MPA）、微带行波天线（MTA）、微带缝隙天线和微带阵列天线。

6.2.1　微带天线的定义及基本模型

微带天线由介质基板层（其厚度远小于工作波长）及两侧的金属辐射贴片和金属接地板构成。其中，金属辐射贴片的形状各异，有长方形、圆形、三角形等，其尺寸和半波长相比拟；金属接地板完全覆盖介质基板层一侧。微带天线的馈电方式有很多种，常见的有微带线馈电和同轴馈电。典型的微带天线模型如图 6-3 所示。

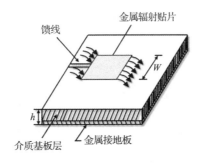

图 6-3　典型的微带天线模型

6.2.2　微带天线的优/缺点及应用

同常规的微波天线相比，微带天线具有结构简单、制作容易、质量轻、体积小、成本低、设计灵活等优点，被广泛应用于移动通信、卫星通信、雷达、无线局域网等领域，成为无线通信系统中的重要组成部分。

微带天线的主要缺点是频带窄、效率低、交叉极化强、功率容量低、扫描性能差、杂散馈电辐射、介质基板层对性能的影响较大等。

在许多实际设计中，微带天线的优点远远超过它的缺点，因此它有广阔的应用前景。

6.2.3 微带天线的分析方法

天线分析的基本问题是求解天线在周围空间建立的电磁场，求得电磁场后，进而得出其方向图、增益和输入阻抗等特性指标。分析微带天线的基本理论大致可分为 3 种：最早出现的、最简单的是传输线模型（Transmission Line Model，TLM）理论，其物理分析可视化，但是准确性较差，耦合模型不易处理和解析，主要用于矩形贴片；更严格、更有用的是空腔模型（Cavity Model，CM）理论，可用于各种规则贴片，与传输线模型理论相比，空腔模型理论更精确，可以对耦合模型进行建模分析，但是整体计算过程比较复杂，基本上限于天线厚度远小于波长的情况；最严格而计算最复杂的是积分方程法（Integral Equation Method，IEM），即全波（Full Wave，FW）理论。从原理上来说，全波理论可用于各种结构、任意厚度的微带天线，可以处理单元、有限和无限阵列，但是它是最复杂的且物理模型可视化较差，并受计算模型精度的限制。

从数学处理上来看，传输线模型理论把微带天线的分析等效成包含电导、电纳的电路问题，简化为一维的传输线问题；空腔模型理论发展到基于二维边值问题的求解；全波理论又进了一步，可计入第三维的变化，不过计算也更费时。自然，这 3 种理论仍不断地在某些方面有所发展，同时出现了一些别的分析方法。由空腔模型理论扩展产生了多端网络法（Multiport Network Approach，MNA）；基于对全波理论的简化，出现了格林函数法（Green's Function Approach，GFA）。此外，还有矩量法、有限元法、时域有限差分法等，特别是随着计算机性能的提升，全波分析软件的应用也越来越广泛。图 6-4 所示为采用传输线模型分析微带天线辐射机理的示意图。

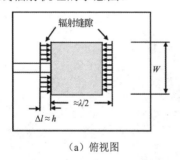
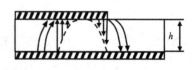

（a）俯视图   （b）侧视图

图 6-4 采用传输线模型分析微带天线辐射机理的示意图

6.2.4 微带天线的馈电方式

根据应用场合的不同，激励微带天线的方式有很多种，常见的馈电方式主要有以下 4 种。

（1）微带线馈电。微带线馈电是应用最广泛的馈电方式，如图 6-5 所示，微带线和金属辐射贴片被蚀刻在同一平面，通过激励微带线来直接激励金属辐射贴片。微带线馈电方式在设计和制造上都十分简单，但因为微带线具有一定的特性阻抗，所以在传输过程中会产生一定的损耗，降低天线的效率。微带线馈电分为正馈和偏馈两种，通过调节馈入点的位置来改变天线的输入阻抗，从而和微带线特性阻抗相匹配。但在实际设计中，很难确定微带线的最佳馈入点，因此在很多场景下需要采用特殊的结构来实现阻抗匹配。

（2）同轴线馈电。同轴线馈电广泛应用在低频段微带天线中，如图 6-6 所示，同轴线由内部金属探针、绝缘介质层、外部金属导体组成。馈电时，同轴线的外部金属导体和绝缘介质层与金属接地板相连，形成传输回路；内部金属探针穿过天线的介质基板层，直接与金属辐射贴片相连，进行馈电，通过调节内部金属探针的位置来进行阻抗匹配，不会改变金属辐射贴片原有的辐射特性。它的缺点是占用空间大、不易集成，增加了制造难度。同时，当介质基板层过厚时，同轴线内芯会引入寄生辐射和馈电电感，这会给天线辐射和阻抗匹配带来影响。

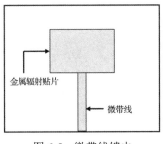

图 6-5　微带线馈电

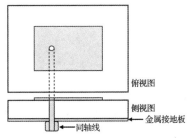

图 6-6　同轴线馈电

（3）耦合馈电。耦合馈电包括两种。一种称为电磁耦合微带馈电，如图 6-7（a）所示，利用双介质基板层结构，上层为金属辐射贴片；中间为微带馈线，微带馈线向内延伸至金属辐射贴片下方；底层为金属接地板，利用微带馈线电磁耦合给上层金属辐射贴片馈电。这种馈电方式必须通过介质基板层进行耦合，因此馈电效率低。另一种称为孔径耦合微带馈电，如图 6-7（b）所示，同样利用双介质基板层结构，上层为金属辐射贴片；中间为开槽金属接地板；底层为微带馈线，微带馈线向内延伸至开槽缝隙下方，利用缝隙耦合给上层金属辐射贴片馈电。耦合馈电能够增大微带天线的带宽，避免微带馈线产生的寄生辐射对金属辐射贴片的影响；缺点是需要采用多层结构，因此在结构上相对复杂且增加了天线的制造成本，同时不便与有源电路集成。

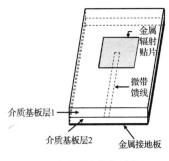

（a）电磁耦合微带馈电

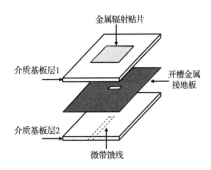

（b）孔径耦合微带馈电

图 6-7　耦合馈电

（4）共面波导馈电。共面波导馈电实际上是微带线馈电的一种，它是将金属接地板、金属辐射贴片和微带馈线蚀刻在介质基板层的同一侧构成的，如图 6-8 所示。馈电时，微带馈线和两侧的金属接地板发生耦合，等效于传输 TEM 波的金属波导，没有截止频率。共面波导馈电是超宽带天线常用的馈电方式。共面波导馈电使微带天线的结构紧凑，易与其他有源与无源器件集成；缺点是共面波导中的微带馈线会产生寄生辐射。

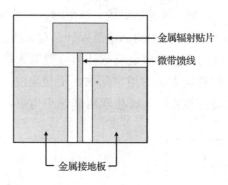

图 6-8   共面波导馈电

 ## 6.3   微带阵列天线仿真实例

天线设计是 IE3D 最重要的应用之一。本节演示如何使用 IE3D 进行微带阵列天线的仿真和优化、电流可视化和辐射模式计算。

6.3.1   微带阵列天线的特性参数

（1）金属辐射贴片的尺寸。

选择合适的介质基板层是设计微带天线的第一步，假设选定的介质基板层的介电常数为 ε_r，当矩形天线工作在频率 f 下时，金属辐射贴片的宽度可以由下式计算得到：

$$W = \frac{c}{2f}\left(\frac{\varepsilon_r + 1}{2}\right)^{-\frac{1}{2}} \tag{6-22}$$

其中，c 为真空光速。

金属辐射贴片的长度一般取值为 $\lambda_e / 2$，需要注意的是，这里的 λ_e 是介质基板层内的波导波长，为

$$\lambda_e = \frac{c}{f\sqrt{\varepsilon_e}} \tag{6-23}$$

考虑到边缘缩短效应，金属辐射贴片的长度 L 应为

$$L = \frac{c}{2f\sqrt{\varepsilon_e}} - 2\Delta L \tag{6-24}$$

其中，ε_e 是有效介电常数；ΔL 是等效辐射缝隙长度。它们分别由下式计算得到：

$$\varepsilon_e = \frac{\varepsilon_r + 1}{2} + \frac{\varepsilon_r - 1}{2}\left(1 + 12\frac{h}{W}\right)^{-\frac{1}{2}} \tag{6-25}$$

$$\Delta L = 0.412h\frac{(\varepsilon_e + 0.3)(W/h + 0.264)}{(\varepsilon_e - 0.258)(W/h + 0.8)} \tag{6-26}$$

（2）设计微带阵列天线的综合法。

微带天线单元的增益一般比较小，因此，为了获得更大的增益或实现特定的方向性，常采用由微带贴片单元组成的微带阵列天线。当微带阵列天线的副瓣电平过高时，会导致天线在副瓣角度内收到不需要的信号，使得天线的性能受到干扰，因此，为了提高天线的抗干扰能力，在设计微带阵列天线时，要保证较低的副瓣电平。理论上，副瓣电平和主瓣宽度相互制约，减小主瓣宽度会使副瓣电平升高，而降低副瓣电平又会使主瓣宽度加大。切比雪夫综合法是一种可以实现低副瓣电平的最佳设计方法，可以使满足一定主瓣宽度的副瓣电平最低，或者在给定的副瓣电平下，主瓣宽度最小，由这种综合法设计的阵列称为切比雪夫阵列。

切比雪夫阵列设计的基本步骤如下。

① 根据单元数 N 的奇偶性选择阵因子 $S_{\text{odd}}(u) = \sum_{n=1}^{M+1} I_n \cos[2(n-1)u]$（奇数阵列，$N = 2M + 1$）或 $S_{\text{even}}(u) = \sum_{n=1}^{M} I_n \cos[2(n-1)u]$（偶数阵列，$N = 2M$）。

② 展开阵因子中的每一项，使其只含有 $\cos u$ 的形式。

③ 将由分贝值表示的主副瓣比 $R_{0\text{dB}}$ 换算成数值 R_0，并令 $T_{N-1}(x_0) = R_0$ 以确定 x_0 的值。$T_{N-1}(x_0)$ 为 $N-1$ 阶切比雪夫多项式，其阶数始终比阵列单元数小 1。

④ 进行变量代换 $\cos u = x/x_0$，代入步骤②展开的阵因子中。

⑤ 进行变量代换后，阵因子多项式等于一个 $N-1$ 阶切比雪夫多项式 $S(u) = T_{N-1}(x)$，从而可确定阵列多项式的系数 I_n。

⑥ 把步骤⑤得到的 I_n 代入阵因子 $S_{\text{odd}}(u)$ 或 $S_{\text{even}}(u)$，得到阵因子的表达式。

6.3.2　微带阵列天线尺寸估算

本节使用 IE3D 设计频率为 60GHz 的微带阵列天线，介质基板层采用厚度为 4mil（0.1016mm）的 RO4835IND LoPro 高频电路板，介电常数 $\varepsilon_r = 3.49$。

根据已经选定的介质基板层及其介电常数，由 6.3.1 节的分析可以估算出中心微带贴片天线的尺寸：$W = 1.67\text{mm}$，$L = 1.3\text{mm}$。

本案例设计的微带天线采用串联馈电方式，利用切比雪夫综合法进行天线阵列设计，设计目标阵列的副瓣电平 $\text{SLL} \leqslant -16\text{dB}$。根据切比雪夫函数阵列天线的综合理论，经计算，本案例的微带阵列天线的对称半边激励电流分布为 $I_1 : I_2 = 1 : 0.6883$，其中，I_1 表示中心阵元的归一化电流幅度。在高频微带串联馈电天线的设计中，常用的控制激励电流振幅分布的方法是贴片单元宽度渐变法，即首先通过金属辐射贴片宽度的渐变来控制电流振幅比，确定中心金属辐射贴片的宽度，使其阵元宽度归一化；然后根据电流振幅比确定其余金属辐射贴片的宽度。

图 6-9 所示为微带阵列天线示意图，阵元间的馈线长度约为 $0.5\lambda_g$，其中，λ_g 表示介质基板层中的波导波长，计算得到的微带阵列天线的初始尺寸如表 6-1 所示。

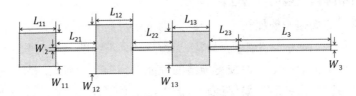

图 6-9   微带阵列天线示意图

表 6-1   微带阵列天线的初始尺寸

参数	数值/mm	参数	数值/mm
L_{11}	1.3	W_{11}	1.15
L_{12}	1.3	W_{12}	1.67
L_{13}	1.3	W_{13}	1.15
L_{21}	1.4	W_2	0.1
L_{22}	1.4	W_3	0.2
L_{23}	1	—	—
L_3	3.5	—	—

6.3.3   创建微带阵列天线模型并仿真

（1）介质基板层设置。运行 Mgrid，选择"FILE"→"New"选项，将显示基本参数设置对话框。在"Length"选区中，将"Unit"改为"mm"；双击"Layouts and Grids"（布局和网格）选区中的"No.1:Grid Size=0.025"选项，将其数值更改为 0.0254，并在系统提示编辑"Grids Size"时单击"OK"按钮。在"Meshing Parameters"选区中，将"Meshing Freq(GHz)"更改为"80"，将"Cells per Wavelength"数值框中的值更改为 15，如图 6-10（a）所示。

在"Substrate Layers"选项卡下，单击右侧的 按钮，将弹出如图 6-10（b）所示的对话框，提示编辑新介质基板层参数，输入介质基板层的厚度，即在"Top Surface, Ztop"数值框中输入 0.1016；输入介质基板层的介电常数，即在"Dielectric Constant, Epsr"数值框中输入 3.49；输入电损耗角，即在"Loss Tangent for Epsr, TanD(E)"数值框中输入 0.0037，单击"OK"按钮。

在"Metallic Strip Types"选项卡下，单击箭头所指条目，会弹出介质基板层表面导体编辑对话框，输入介质基板层表面导体的厚度，即在"Thickness,Tk"数值框中输入 0.035，导体导电率保持 4.9×10^7（约数）不变，如图 6-10（c）所示，单击"OK"按钮。

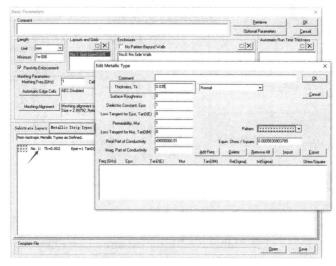

(a)

(b)

(c)

图 6-10　介质基板层参数设置

（2）图形构建。构建一个矩形，选择"Entity"→"Rectangle"选项，弹出"Rectangle"对话框，默认的层为(X, Y, Z)=(0, 0, 0.1016)。如图 6-11 所示，在"Rectangle Properties"选区中输入矩形的长和宽。单击"OK"按钮，创建一个中心位于(X, Y, Z)=(0, 0, 0.1016)的矩形 A。

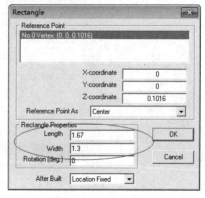

在输入法为英文状态下，首先，使用 Shift+Y 快捷键（组合键）（选中形状的快捷键）选中矩形并使用 Shift+M 快捷键（移动形状的快捷键）移动矩形，单击其他坐标位置放置矩形，将矩形 A 移开(0, 0, 0.1016)坐标点。并在(0, 0, 0.1016)处构建长为 1.15mm 和宽为 1.3mm 的矩形 B。然后，使用 Ctrl+C 快捷键复制矩形 B，并使用 Ctrl+V 快捷键粘贴获得矩形 C。依次构建长为 0.1mm 和宽为 1.4mm 的矩形，并复制；构建长为 0.1mm 和宽为 1mm 的矩形；构建长为 0.2mm 和宽为 3.5mm 的矩形。

图 6-11　构建矩形

在工具栏中单击◤按钮或选择"Input"→"Set to Closest Vertex"选项，选择矩形的两个顶点 1 和 2，使用快捷键 Ctrl+M 打开"Insert Mid Vertex"对话框，如图 6-12 所示，单击"OK"按钮，会在顶点 1 和 2 的线边缘中点形成 Mark 点。

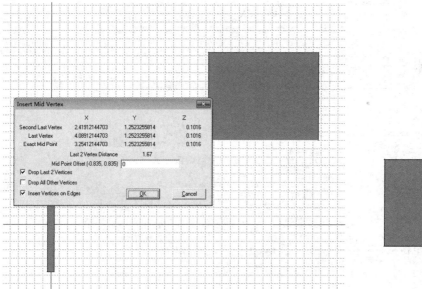

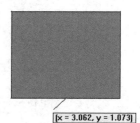

图 6-12　生成矩形中点

在能选择"Input"→"Set to Closest Vertex"选项的条件下，单击矩形 A 的 Mark 中点与过渡枝节矩形的 Mark 中点，选择"Input"→"Information on Last Entry"选项，依次单击"Save 3rd Set"和"OK"按钮，保存两个点之间的距离参数，如图 6-13 所示。

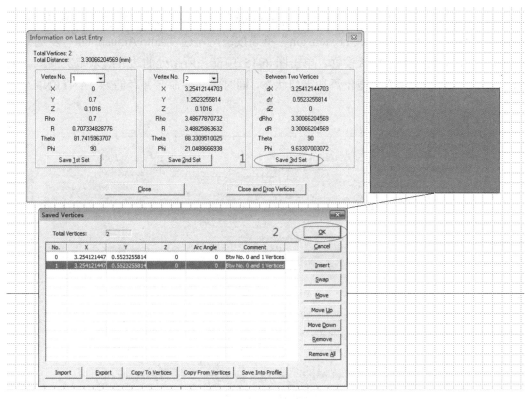

图 6-13　保存两个点之间的距离参数

按 Shift+Y 快捷键，选中矩形，并按 Shift+M 快捷键，打开"Move Object Offset to Original"对话框，单击 "Get Saved Values"按钮，如图 6-14（a）所示。单击"OK"按钮，完成两个矩形之间的对接。同理，依次将几个矩形连接起来。最终获得如图 6-14（b）所示的天线结构。

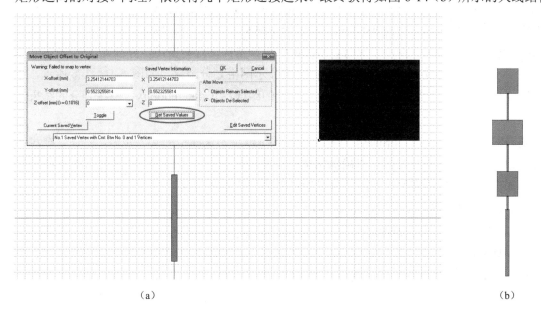

（a）　　　　　　　　　　　　　　　　　　　　　　　　　　　　　　　（b）

图 6-14　连接矩形得到天线结构

（3）端口设置。选择"Port"→"Port for Edge Group"选项，在弹出的对话框的"De-Embedding Scheme"选区中选择"Advanced Extension"单选按钮，勾选"Auto Adjustment"复选框，单击"OK"按钮以接受其他默认设置。单击图 6-15 中箭头所指处的边界线来定义端口。选择"Port"→"Exit Port"选项，退出添加端口状态，同时将文件命名并存储为"ANTENNA.geo"文件。

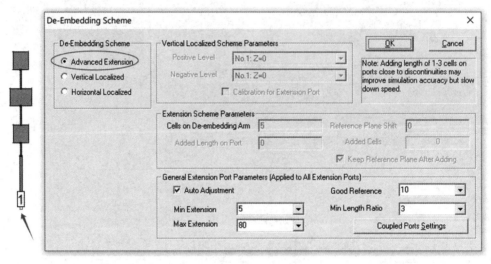

图 6-15   端口设置

（4）网格设置。选择"Process"→"Meshing"选项，打开"Automatic Meshing Parameters"对话框，如图 6-16（a）所示。在"Automatic Edge Cells Parameters"选区的"AEC Layers"下拉列表中选择"1"选项，默认"AEC Ratio"为"0.081"，相应的"Width"为"0.0100622"。我们知道，馈线宽度为 0.2mm，过渡矩形的线宽为 0.1mm。因此可以将"AEC Ratio"设置为"0.081"，此时，"Width"约为 0.01mm，等于最小线宽的 1/10。将"Meshing Scheme"设置为"Classical"。单击"OK"按钮。此时，Mgrid 将对该结构进行网格化，并创建 896 个单元和 1611 个未知单元。单击"OK"按钮，Mgrid 将显示网格划分结果，如图 6-16（b）所示。可见，网格划分效果非常好。然而，对于这种特殊的结构，"Contemporary"网格划分的结果并不那么好。

需要注意的是，选择"Process"→"Meshing"选项不是模拟的必要步骤。然而，在进行模拟前检查网格是一个好习惯，以确保网格的精度是正确的。尤其在掌握了更多经验并了解了网格如何影响模拟精度和效率时，可以通过网格划分判断仿真结果是否满足求解精度。

（5）仿真参数设置。选择"Process"→"Simulate command"选项，弹出"Simulation Setup"对话框（见图 6-17）。预设谐振频率约为 60GHz，故将仿真频率设置为 55～65GHz，包括 501个频点。具体设置步骤如下：在"Frequency Parameter(0/501)"选区中单击"Enter"按钮，弹出"Enter Frequency Range"对话框，按图 6-17 进行设置，单击"OK"按钮，将频率参数添加到左侧列表框中。

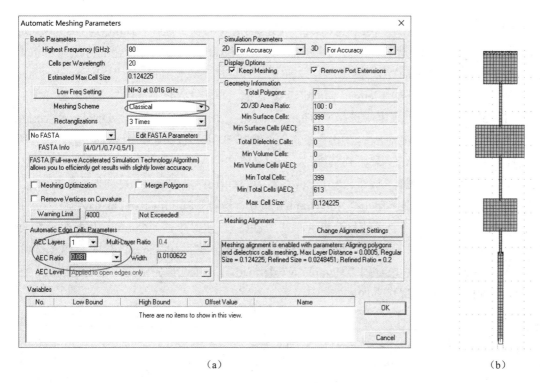

图 6-16　网格设置

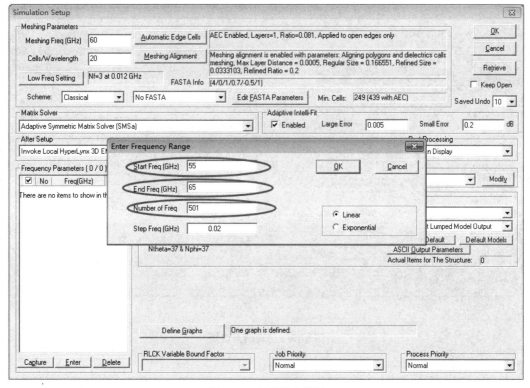

图 6-17　仿真频率设置

（6）仿真结果设置。在"Post-Processing"选区的下拉列表中选择"Built -In Display"选项，如图 6-18（a）所示，此时，当仿真完成后，会在 Mgrid 上以集成可视化的方式显示仿真结果。单击"Define Graphs"（定义图形）按钮［见图 6-18（a）］，将显示"S-Parameters and Frequency Dependent Lumped Element Models"对话框。单击"Add Graph"按钮，在弹出的"Graph Type"对话框的列表框中选择"S-Parameters"选项，系统将提示"Display Selection for the Graph"，勾选 S(1, 1)对应的"dB"复选框，单击"OK"按钮，如图 6-18（b）、（c）所示。这样可以将反射的图形添加到列表中。再次单击"Add Graph"按钮，并选择"Z-Parameters"选项和单击"OK"按钮。选中 Z(1,1)对应的"Real"和"Imag"复选框，单击"OK"按钮以定义第二个图形。继续单击"Add Graph"按钮，选择"Smith-Chart Display"选项并单击"OK"按钮，选中 S(1, 1)后的复选框并单击"OK"按钮。单击"Continue"按钮，返回"Simulation Setup"对话框。此时可设置好仿真完成后自动显示的图形，将在图 6-18（a）中的"Define Graphs"按钮旁边看到"3 graphs are defined."。通过预先定义，仿真完成后，图形会直接跳到 S 参数的可视化界面中。

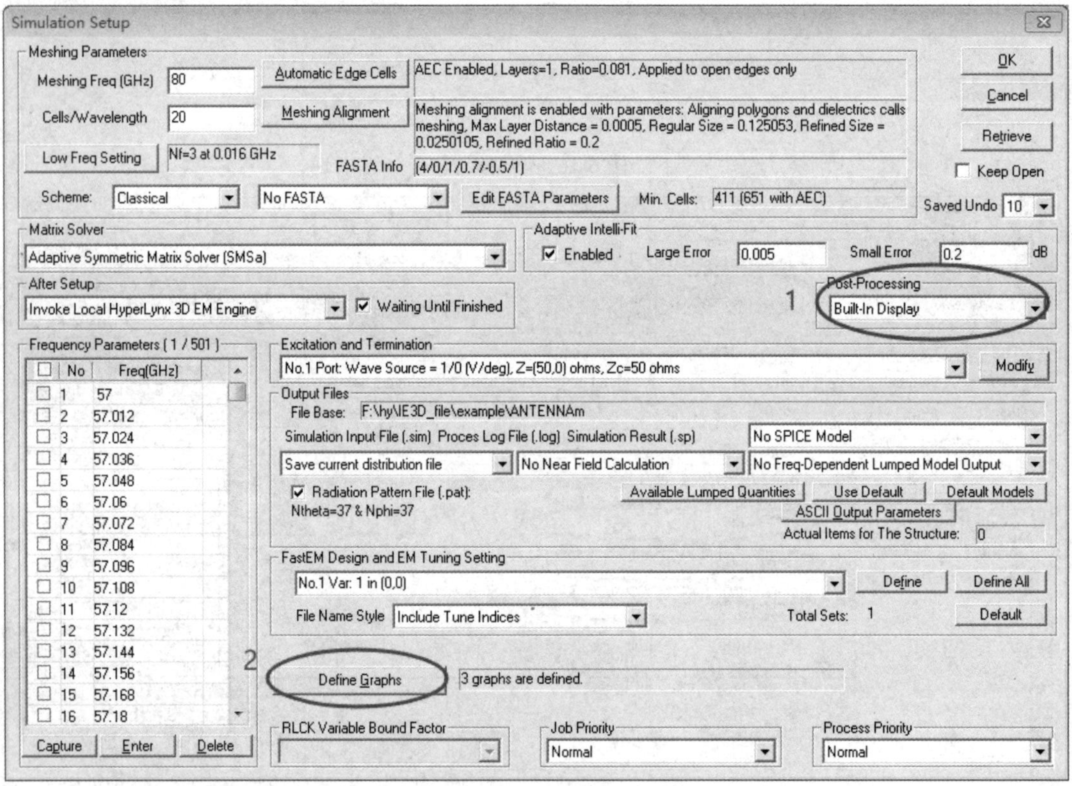

（a）

图 6-18　仿真结果设置

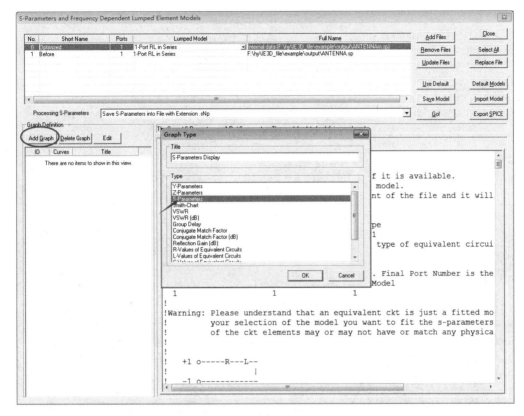

（b）

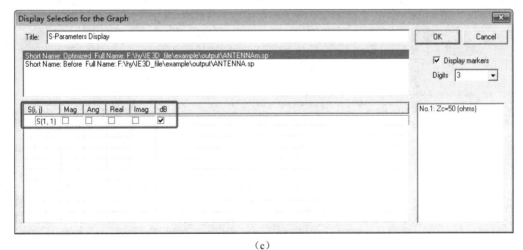

（c）

图 6-18　仿真结果设置（续）

　　单击"OK"按钮，Mgrid 将调用 IE3D 在后台执行模拟操作，通常只需几秒就能仿真完成。经过仿真，IE3D 将为回波损耗图 S(1,1)、阻抗关系图 Z 参数和史密斯圆图显示创建 3 个图形（见图 6-19）。

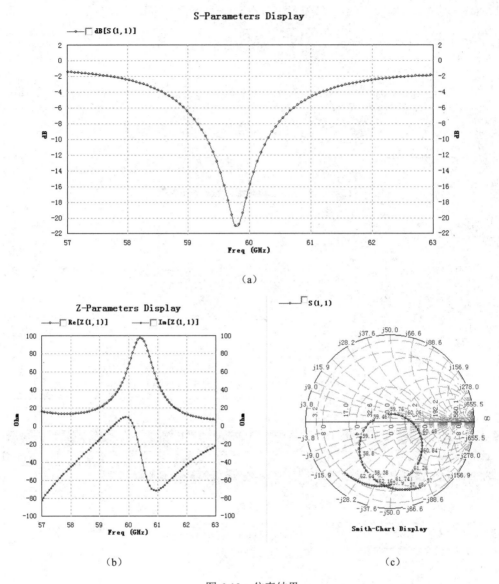

图 6-19   仿真结果

从图 6-19（a）中可以看出，天线的谐振频率落在 59.8GHz 上，回波损耗大概为-21dB，设计要求的中心频率为 60GHz，为了达到良好的匹配状态，接下来需要进行适当的设计优化，使得天线的谐振频率落在 60GHz 上。

6.3.4   天线的 EM 优化

假设要优化上述天线，使其在 60GHz 时达到完美匹配。在开始优化前，应该首先考虑以下几点。

（1）优化目标是什么？

（2）可以通过调整哪些几何尺寸来实现目标？

对于设计中的天线，可以调整各部分的长度来改变谐振频率，调整各部分的宽度来调整阻抗比，调整枝节的长度和位置来匹配阻抗值。并且，它们是相互影响的。我们的目标是在 60GHz 处，Re[S(1, 1)] = 50 和 Im[S(1, 1)] = 0。

在 Mgrid 上，结构没有被描述为参数化对象。所有结构都用多边形和多边形顶点来描述。要更改结构的形状，只需更改顶点的位置即可。因此，需要确定应该调整哪些顶点的位置来实现结构形状的调整。由于天线的初始谐振频率与目标谐振频率相差不大，因此本节以调节中心金属辐射贴片单元长度与宽度对天线匹配的影响为例来介绍 IE3D 的优化调谐功能。

1. 优化变量设置

选择"Edit"→"Select Vertices"选项，选择矩形的两个顶点，如图 6-20（a）所示，通过改变这两个顶点在 X 轴方向上的位置，可以实现对应矩形的宽度。

选择"Optim"→"Variable For Selected Objects..."选项，进入"Optimization Variable Definition"对话框，如图 6-20（b）所示。"Vertices Mapped To"的默认值为"New Variable"（当"Tuning Angle"为"0"或"180"时，可以改变顶点在 X 轴方向上的位置；当设置"Tuning Angle"为"90"或"-90"时，可以改变顶点在 Y 轴方向上的位置），单击"OK"按钮。"Set Low Bound"对话框中的值是变量的最低边界，此时，负数表示向 X 轴负方向移动的范围，这里设置为"-0.1"，如图 6-20（c）所示。"Set High Bound"对话框中的值是变量的最高边界，表示向 X 轴正方向移动的范围，这里设置为"0.1"，如图 6-20（d）所示。

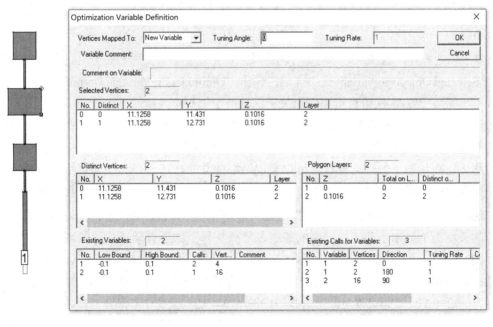

　　　（a）　　　　　　　　　　　　　　　　　　（b）

图 6-20　优化变量设置

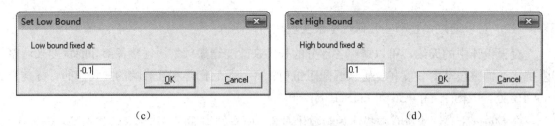

（c）   （d）

图 6-20 优化变量设置（续）

如图 6-21 所示，"Defining No.1 Variable Finished" 对话框中包含了本次设置的优化变量的所有信息，可用来自查。

单击 "Continue Without Action" 按钮，Mgrid 将完成第一个变量的定义。

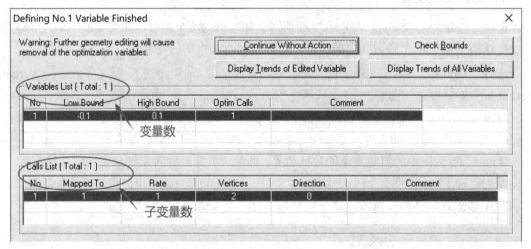

图 6-21 变量信息

重复以上操作，选择该矩形的另外两个顶点，完成矩形宽度变量的定义。选择 "Optim" → "Add Selected Objects to Variable..." 选项，弹出 "Optimization Variable Definition" 对话框，如图 6-22 所示。因为本次仿真希望图形关于纵轴的主轴对称，从而减少优化变量的个数，所以优化过程中希望点的移动也是对称的。因此，设置 "Tuning Angel" 为 "180"，此时，主轴右侧的变量点向 X 轴正方向移动，主轴左侧的变量点向 X 轴负方向移动。单击 "OK" 按钮，完成对称优化变量的添加。这样设置可以实现两组变量的合二为一和联动调控，减少变量的个数，完成中心金属辐射贴片宽度在 X 轴方向上的优化范围为[-0.1, 0.1]的优化变量设置。

选择 "Edit" → "Select Vertices" 选项，选择顶点。此处需要注意的是，为了只改变中心贴片的长度而不影响上部连接馈线的长度，需要选择上部所有顶点，使其同时增长或缩短。选择 "Optim" → "Variable For Selected Objects..." 选项，进入 "Optimization Variable Definition" 对话框，当设置 "Tuning Angle" 为 "90" 时，可以改变顶点在 Y 轴方向上的位置，设置变量范围为[-0.1, 0.1]，从而可以对矩形进行纵向的改变，达到改变中心贴片长度的目的，如图 6-23 所示。

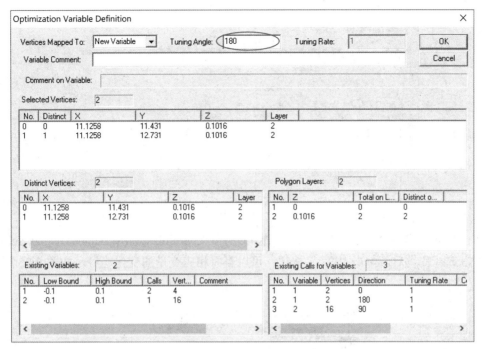

图 6-22　定义变量之一

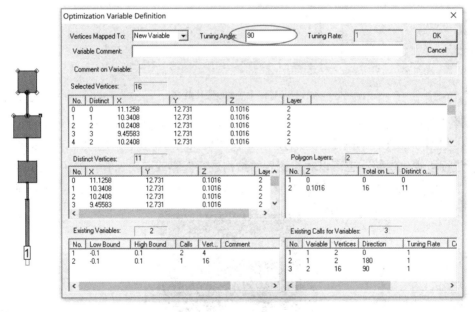

图 6-23　定义变量之二

2. 查看并设置变量

选择"Optim"→"Change Variables and Calls..."选项，打开"Change Variables and Calls"
对话框，在这里可以对变量进行删减、对变量值进行调整、对变量的角度进行重新设置，如
图 6-24 所示。

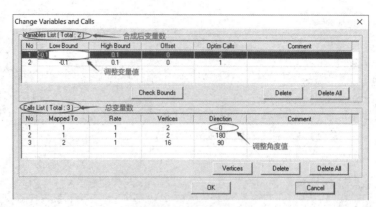

图 6-24　设置变量

选择"Optim"→"Display Trends..."选项，打开"Optimization Variables Display Selection"对话框，选择变量后，单击"OK"按钮，可以查看相应变量的变化趋势，如图 6-25 所示。

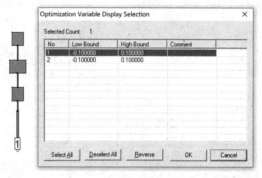

图 6-25　变量的变化趋势

选择"Optim"→"Geometry Tuning..."选项，打开"HyperLynx 3D EM Geometry Tuning"对话框，如图 6-26（a）所示。可以通过先单击"Variables Sliders"选项卡，然后单击滑块来对图形进行可视化调整；也可以对改变后的结构进行保存或取消保存，如图 6-26（b）所示。

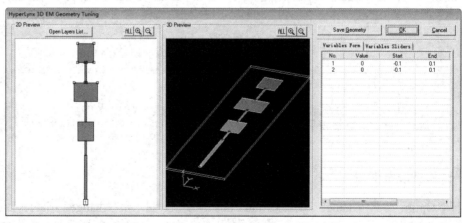

（a）

图 6-26　变量调谐

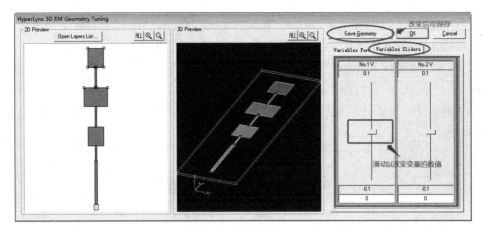

（b）

图 6-26　变量调谐（续）

3．优化设置

选择"Process"→"Optimize"选项，此时会弹出"Optimization Setup"对话框，它与之前的"Simulation Setup"对话框类似，只是有一些小的更改。在"Frequently Parameters(0/501)"选区中单击"Delete"按钮，在弹出的对话框中选中"Delete All Frequency Points from 55 to 65 GHz"单选按钮并单击"OK"按钮，以删除列表框中的 501 个频点，如图 6-27 所示。单击"Enter"按钮，在弹出的对话框中设置"Start Freq(GHz)"为"60"，"End Freq(GHz)"为"60"和"Number of Freq"为"1"。单击"OK"按钮，将频率参数添加到列表框中。

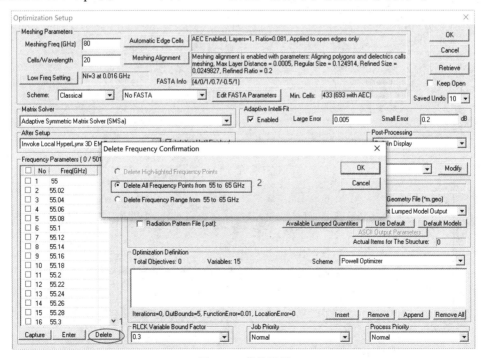

图 6-27　优化设置

在"Optimization Definition"选区中单击"Insert"按钮,Mgrid 将提示用定义优化目标。这里定义"Start Frequency"为"60","End Frequency"为"60",并设置"Quantity"为"Re(S)","1st Parameter 为"(1, 1)","Operator"为"By Itself","Objective Type"为"Optimization Quantity= Objective1","Objective1"为"0","Weight"为"1",如图 6-28 所示。此时,完成了在 60GHz 时,优化目标 Re[S(1, 1)]= 0 的定义。单击"OK"按钮,将定义的优化目标添加到列表框中。

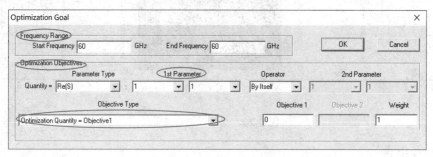

图 6-28 优化目标设置

再次在"Optimization Definition"选区中单击"Insert"按钮,更改"Quantity"为"Im(S)",单击"OK"按钮。此时,将优化目标定义为在 60GHz 时,Im[S(1, 1)] = 0。单击"OK"按钮,Mgrid 将定义的优化目标添加到列表框中,从而完成对优化目标的设置。

在"Optimization Definition"选区中,将"Scheme"设置为"Powell Optimizer",将迭代次数设置为 20,如图 6-29 所示。Powell Optimizer 优化方法是一个很好的局部优化方法,在自适应 EM 优化器中是一般优化的最佳选择。

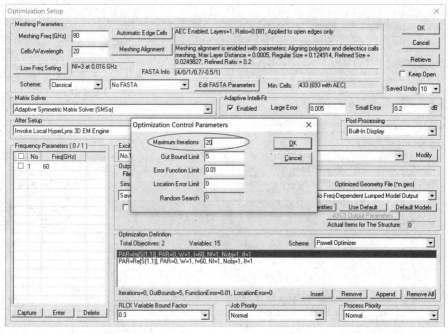

图 6-29 优化设置

4．生成优化文件

单击"OK"按钮继续。Mgrid 将调用 IE3D 来执行目标优化操作，它会自行执行智能迭代操作，直到目标实现。优化完成的结果与仿真文件存储在同一文件夹下，自动命名为 ANTENNAm.geo。选择"Process"→"Simulate"选项，在"Simulation Setup"对话框中单击"Enter"按钮，在弹出的对话框中设置"Start Freq(GHz)"为"57"、"End Freq(GHz)"为"63"、"Number of Freq"为"501"，如图 6-30 所示。单击"OK"按钮，将频点添加到列表框中。

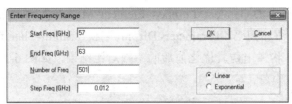

图 6-30　频点设置

在列表框中找到第 251 号，即 $f=60\mathrm{GHz}$，勾选对应的复选框。此外，还要勾选"Radiation Pattern File(.pat)"复选框，此时，"Current Distribution File(.cur)"复选框会被自动选中，同时会弹出"Radiation and Excitation Parameters"对话框，如图 6-31 所示，选择"Total Theta's:37"列表框中任何一个选项，单击"Select All"按钮，将 0～180°的步进为 5°的 37 个角度全部添加。同样地，单击"Total Phi's:37"列表框中的任何一个选项，将 37 个角度全部添加，连续单击"OK"按钮，完成仿真。仿真结束后，将自动保存两个与辐射图案相关的文件：Radiation Pattern File(.pat)和 General Pattern File(.mpa)。

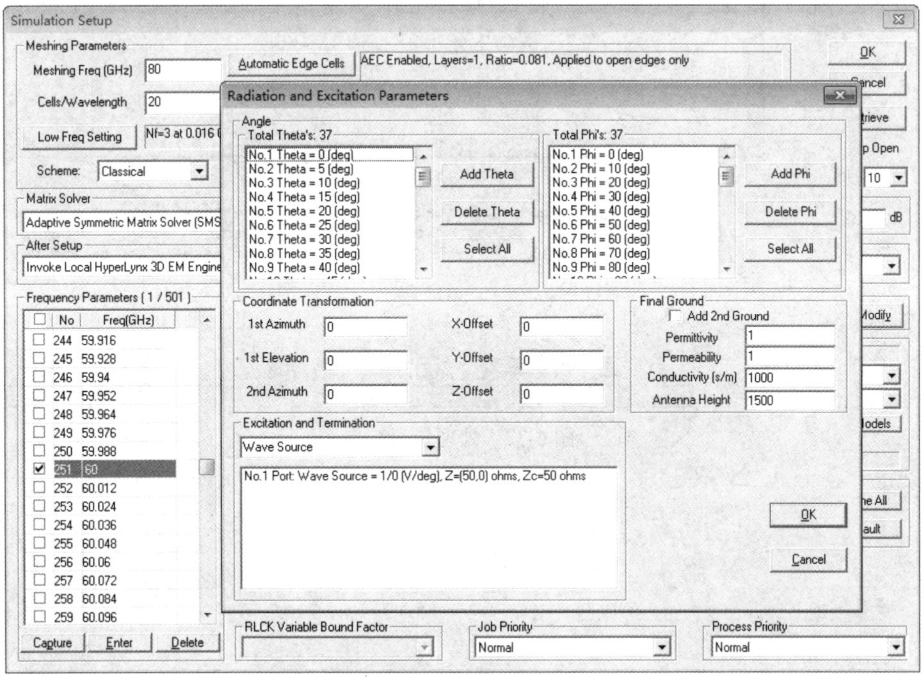

图 6-31　辐射角度选择

5．查看优化结果

选择"Window"→"Display S-Parameter Graphs"→"S-Parameters and Lumped Equivalent Circuit"选项或单击 按钮，打开"S-Parameters and Frequency Dependent Lumped Element Models"对话框（见图6-32）。将"Short Name"修改为"Optimized"。单击"Add Files"按钮，选择文件"ANTENNA.sp"，并将"Short Name"修改为"Before"。双击"Graph Definition"选区的列表框中的"S-Parameter Display"条目进行编辑，在弹出的"Display Selection for the Graph"对话框中，对刚添加的"Before"文件的参数进行添加，单击"OK"按钮，返回"S-Parameters and Frequency Dependent Lumped Element Models"对话框。同样地，依次将"Before"文件的数据添加到"Z-Parameters Display"和"Smith-Chart Display"图形中，单击"Close"按钮。Mgrid 将弹出仿真优化前后的参数对比结果，如图6-33 所示。

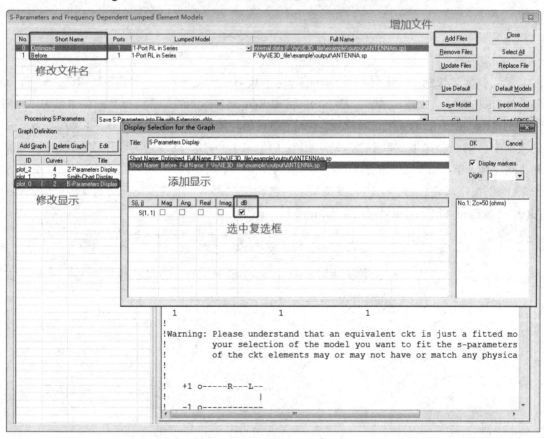

图 6-32 处理仿真结果

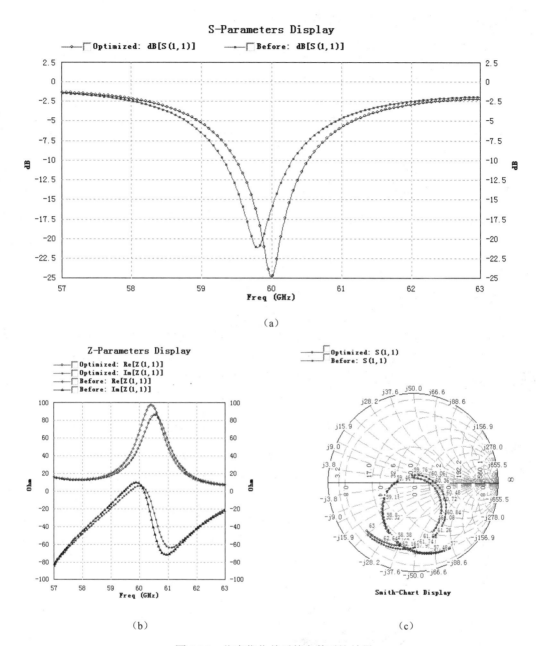

图 6-33　仿真优化前后的参数对比结果

可见，完成仿真后，在 60GHz 处，dB(S(1, 1))为−25dB，即优化后的天线在 60GHz 处达到较好的匹配，并且其性能优于原始天线的性能。

优化后的变量可以通过选择"Optim"→"Change Variables and Calls..."选项进行查看，如图 6-34 所示。若想进一步优化，则可以将变量的值进行调整，扩大其变化范围，继续进行优化。

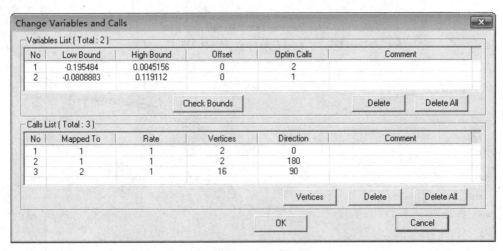

图 6-34　优化后的变量

6.3.5　天线的几何调谐

之前的章节中已经展示了 IE3D 在天线设计中的电磁优化能力，优化后的结构能够达到设计要求的性能。本节介绍天线的调谐方法。一方面，调谐功能可以用在电路优化前，用于查看参量范围内的图形变化范围。当对设置好的优化变量的图形进行结构调整时，优化变量会被消除；另一方面，调谐方法可以用于在保持优化变量的条件下，对结构尺寸进行微调。

（1）运行 Mgrid，并打开优化后的几何文件"ANTENNAm.geo"，此时，优化变量仍存在，而默认形状是优化后的形状。

（2）选择"Optim"→"Geometry Tuning..."选项，将弹出"HyperLynx 3D EM Geometry Tuning"对话框，左侧是天线平面结构的俯视图。右侧有两个选项卡，对于"Variables Form"选项卡，可以在"Value"栏中直接对尺寸值进行修改，如图 6-35（a）所示；对于"Variables Sliders"选项卡，可以拖动滑块来连续更改变量的值，如图 6-35（b）所示，滑动滑块会看到这些变量如何控制结构的形状变化。

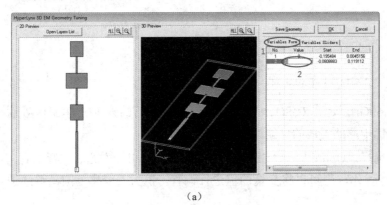
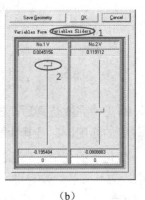

（a）　　　　　　　　　　　　　　　　　　　　（b）

图 6-35　IE3D 几何调谐

（3）在完成滑块测试后，如果单击"Cancel"按钮，那么 Mgrid 将在退出时恢复变量的原始偏移值；如果单击"OK"按钮，那么变量将被设置为滑块当前位置对应的值。因此，可以通过选择"Optim"→"Geomtry tuning"选项，利用图 6-35 中的调谐方法，对结构尺寸进行微调，获得新的电路".geo"文件。

6.3.6   电流密度分布可视化

在 IE3D 模拟完成后，电流分布数据会保存为文件，可以使用 Mgrid 打开".cu"文件来可视化和后处理电流分布。

（1）在 Mgrid 完成仿真后，选择"Windows"→"3D Current Distribution Display"选项，Mgrid 将显示如图 6-36 所示的平均电流分布，此时，频率为 57GHz，这是频率列表框中的第一个频点。在 57～63GHz 频段上，一共模拟了 501 个频点，拟合了整个频带上的参数。默认显示的是在第一个频点处的平均电流分布，可以通过快捷键 N 来模拟下一个频点处的平均电流分布，或者通过快捷键 P 来模拟上一个频点处的平均电流分布。

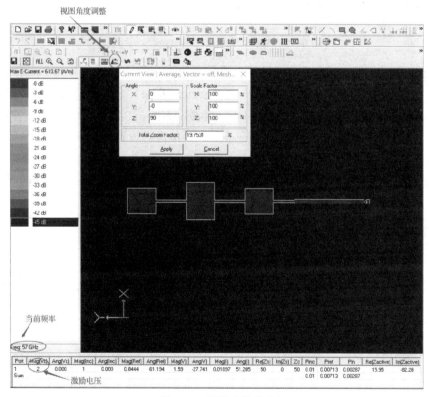

图 6-36   平均电流分布

在"Options"下拉菜单中，可以进行许多设置来显示电流密度，如图 6-37 所示。例如，可以选择透视视图或正交视图，可以选择是否在左侧显示颜色条或在底部显示端口信息，还可以调整光线的强弱。选择"Options"→"Structure Display Options"选项，也可以配置如何显示结构。

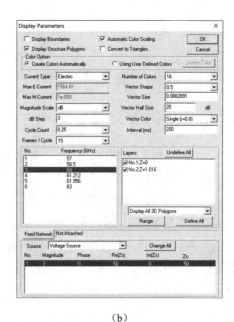

（a）　　　　　　　　　　　　　　　（b）

图 6-37　选项菜单和设置图形参数对话框

（2）电路显示界面由 Mgrid 自动设置，选择"Options"→"Set Graph Parameters dialog"选项，可以更改颜色比例尺，也可以通过更改"Current Type"来选择电磁场分布的显示形式，如图 6-38（a）所示。通过设置"Source"可以选择激励方式，如图 6-38（b）所示。单击"Change All"按钮，可以对"No.1 Port Source Parameters"菜单进行设置，从而对激励参数进行设置。如果想要更改默认的响应 0dB 值（自动默认为 47.873A/m），则可以取消选中"Automatic Color Scaling"复选框，此时就可以更改"Max E-Current""Magnitude Scale""dB Step"的值。

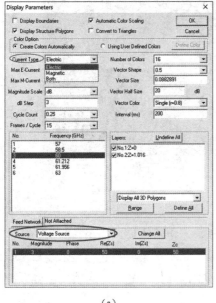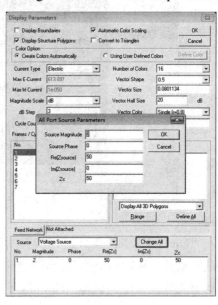

（a）　　　　　　　　　　　　　　　（b）

图 6-38　电磁场分布显示设置

（3）在默认情况下，显示的是指定频率下电流密度分布的平均强度，颜色深度代表了特定点的电流密度的平均强度。对于默认的连续色调显示，红色表示强电流密度、蓝色表示弱电流密度。在"Options"下拉菜单中，也可以选择显示 3D 平均电流（3D Average Current）、3D 标量电流（3D Scalar Current）、3D 向量电流（3D Vector Current）和电流密度（Current density）。3D Scalar Current 和 3D Vector Current 是特定时间的数据，而 3D Average Current 则是一个周期内的平均电流分布。可以通过选择"Options"→"Animation"选项来动画地显示标量/向量电流分布。当动画播放时，可以通过选择"Options"→"Animation"选项来暂停它；也可以通过选择"Options"→"Next Frame"选项来逐帧查看电流的变化。可以通过选择"File"→"Save to Bitmap Files"选项来保存电流分布文件。

6.3.7　辐射图可视化

当在"Simulation Setup"对话框中选择了"Radiation Pattern File(.pat)"复选框时，就可以展示辐射图。具体步骤如下。

（1）在 Mgrid 中，首先选择"Processing"→"S-Parameters and Lumped Equivalent Circuit"选项，打开 S 参数显示对话框；然后选择"Windows"→"3D Radiation Pattern Display"选项，会弹出"3D Pattern Selection"对话框（见图 6-39）。"ANTENNAm.mpa"文件会自动添加到频率列表框中，也可以通过单击"Pattern List"按钮向列表框中添加或删减仿真文件。

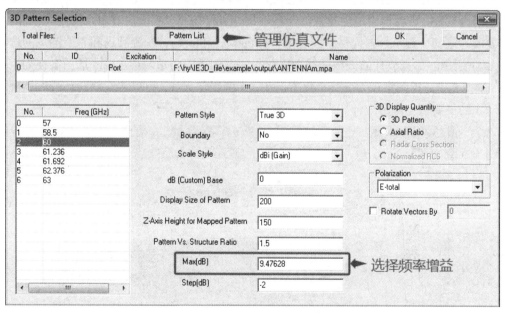

图 6-39　"3D Pattern Selection"对话框

（2）在频率列表框中选择 60 GHz 条目，"Max(dB)"数值框中的值将更新为 9.47628（见图 6-39），这是在 60GHz 场量下的最大增益的分贝值。在默认情况下，所选场量"Polarization"为"E-total"场的 dBi（增益），单击"OK"按钮，三维辐射图将显示出来（见图 6-40）。

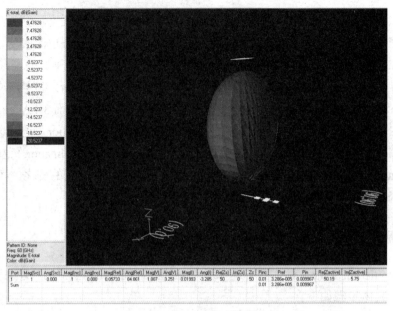

图 6-40　三维辐射图

在三维辐射图中，有 3 个轴，它们是 3 个主要角度的轴，对应的角度为(Theta, Phi)，即(0, 0)、(90, 0)和(90, 90)。

值得注意的是，IE3D 未使用 E 平面、H 平面和线性增益来表述，因为 IE3D 是一个通用的电磁仿真软件，可以自由地创建任何天线结构并进行仿真，所以在 IE3D 中，E 平面和 H 平面需要人为定义。相反，它提供有关总场、Theta 场、Phi 场、左旋圆场和右旋圆场的选项，如图 6-41 所示。如果设计的天线是线性极化天线，则可以将总场或 Theta 场图案视为主要辐射方向，而将 Phi 场图案视为交叉极化方向；对于圆极化天线，可以将左旋圆场或右旋圆场图案之一作为主要极化，另一种作为交叉极化。

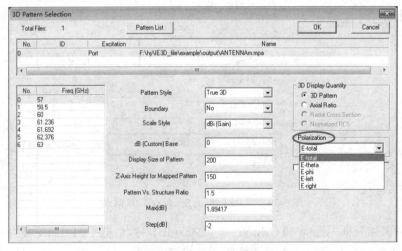

图 6-41　天线极化选择

Mgrid 的窗口菜单中有许多项目，允许可视化结构的不同参数。可以显示在指定的 Phi 和/或

Theta 角度上的 2D 图案，可以显示增益与频率等的图表。

（3）单击"3D Pattern Selection"对话框中的"Pattern List"按钮，将弹出"Pattern List"对话框，如图 6-42（a）所示，可以将更多文件添加到列表框中，以进行显示和比较。单击"Pattern List"对话框中的"Properties"按钮，将弹出"General Pattern Properties"对话框。在该对话框中，可以为每个频点更改天线的激励和负载的值，并对显示进行后处理。

（4）先在"General Pattern Properties"对话框中选择"Display Detailed Pattern Properties"选项，然后单击"GO"按钮，如图 6-42（b）所示。弹出"Pattern Properties"对话框，如图 6-42（c）所示。选择对应的频率后，对话框中将显示天线的详细图案属性。单击"View in Browser"按钮，Mgrid 将把图案数据保存为 XML 文件，并在浏览器中打开；单击"Save Detail Data"按钮，Mgrid 将把图案数据保存为 TXT 文本文件。

（a）

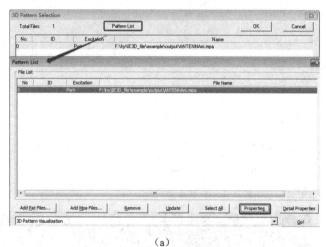

（b）

图 6-42　一般模式和指定激励模式的模式属性对话框

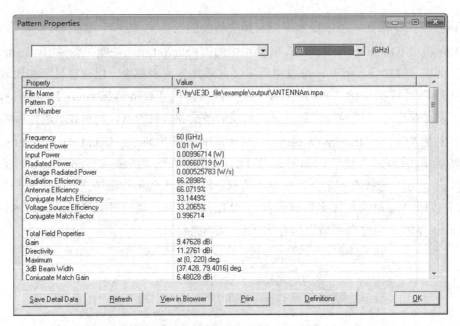

（c）

图 6-42　一般模式和指定激励模式的模式属性对话框（续）

（5）选择"Windows"→"3D Radiation Pattern Display"选项，弹出"3D Pattern Selection"对话框。重复步骤（2），将图 6-41 中"Pattern Style"设置为"Mapped 3D"，Mgrid 将会弹出 Mapped 3D 模式的图案，如图 6-43 所示。

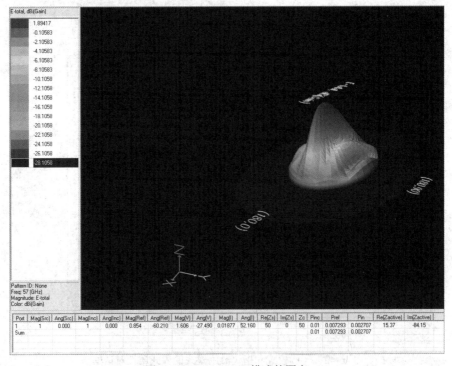

图 6-43　Mapped 3D 模式的图案

（6）选择"Windows"→"2D Radiation Pattern"→"Define 2D Pattern Plot"选项，或者选择"Windows"→"Radiation Pattern Properties"→"2D Pattern Visualization"→"Go"选项，进入"Define 2D Pattern Plots"对话框。

（7）单击"Add Plot..."按钮以打开"2D Pattern Display"对话框。此时，可以滚动列表框，在任何频率下选择任意组合的 Theta 和 Phi 角度。这里选择 $f=60$GHz，勾选 Phi = 0 和 Phi = 90°对应的"E-Total"复选框（见图 6-44），以 Phi = 0 和 Phi = 90°的两个切面作为主切面，将"Plot Style"设置为"Polar Plot"，单击"OK"按钮，完成绘图设置，可以将其添加到绘图列表中。

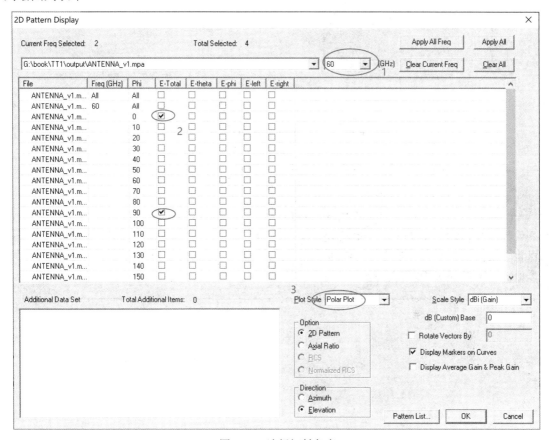

图 6-44 选择辐射角度

（8）再次单击"Add Plot..."按钮，在 $f=60$GHz 下选择同样的项目。但是，这次将"Plot Style"设置为"Cartesian Plot"。单击"OK"按钮，将绘图添加到列表中。

（9）单击"Define 2D Pattern Plots"对话框中的"Continue"按钮，两个定义的绘图将显示在 Mgrid 中，将会有 4 个窗口分别以 True 3D、Mapped 3D、Polar Plot 和 Cartesian Plot 的形式显示图案。图 6-45 所示为两种不同模式的 2D 辐射方向图。

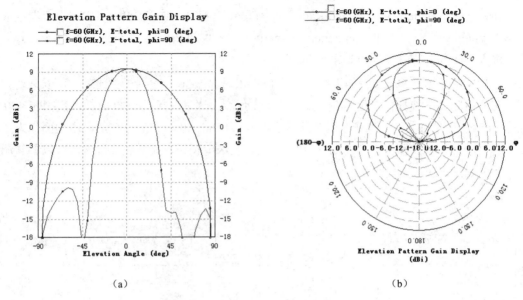

（a）   （b）

图 6-45   两种不同模式的 2D 辐射方向图

本章讨论了平面阵列微带天线的基础理论及完整的仿真过程：①天线的基础理论；②天线仿真；③电磁优化；④电流分布显示及动画；⑤几何调谐；⑥天线参数的计算和可视化。根据以上仿真不难看出，IE3D 是一款极其强大的电磁仿真软件，适用于微带天线和其他高频天线的应用。

第 7 章　3dB 90°电桥设计与仿真

定向耦合器广泛应用于射频系统中，特别是 3dB 定向耦合器更是一个不可或缺的重要器件，其被大量应用于射频电路中。微波耦合器是现代微波、毫米波通信技术和电子战等应用中极其重要的部分，是微波、毫米波系统的核心器件，因而定向耦合器成为制约系统性能和技术水平的关键器件，其性能将直接影响整个系统的质量。

 ## 7.1　3dB 电桥技术基础

3dB 电桥也叫同频合路器，它能够沿传输线路的某一确定方向对传输功率进行连续取样，能将一个输入信号分为两个互为等幅且具有 90°相位差的信号；主要用于多信号合路，提高输出信号的利用率，广泛应用于室内覆盖系统中基站信号的合路，且效果很好。

耦合器通常被设计用于从一个电路中将一部分信号传输到另一个电路中，有着分离、传输和管理信号的功能。耦合器有定向、非定向之分，还有不同的分贝值，在室内分布中用得比较多，当然，在线路当中也可以用到。3dB 电桥属于定向耦合器，它的耦合度很强，达到 3dB，即耦合输出与直通输出的幅度相等，相位相差 90°，使用范围很广。由于它的耦合度很强，无论是设计还是制造都有别于一般的定向耦合器，因此，本章在定向耦合器的基础上对 3dB 电桥进行适当的描述。

3dB 电桥属于无源微波器件，通常为四端口器件，4 个端口分别为输入端口、直通端口、耦合端口和隔离端口。3dB 电桥广泛应用于功率分配和功率合成方面，上面提到的输入端口、直通端口、耦合端口和隔离端口分别与定向耦合器上标出的 Port1（端口 1）、Port2（端口 2）、Port3（端口 3）和 Port4（端口 4）是一一对应的，如图 7-1 所示。

图 7-1　3dB 电桥拓扑图

端口 1 作为信号输入端口，此处的信号功率经过 90°电桥分配到端口 2 和端口 3，但由于多径传输导致端口 4 的信号几乎为零，即端口 1 不会分配信号到端口 4，因此，端口 1 和端口 4 是相互隔离的。同样，由于电桥的互易特性，端口 2 和端口 3 也是相互隔离的。从端口 1 到端口 3 的功率可以采用耦合系数 C 来衡量，表示耦合到输出的功率与输入功率之比；端口 1 到端口 4 的功率泄漏用隔离度 I 来衡量，表示耦合器对前向波和反向波的隔断能力。还有一个可衡量的指标是方向性 D，定义为耦合端口和隔离端口的功率之比，用 dB 表示为 $D=I-C$（dB）。在最理想的情况下，耦合器的方向性和隔离度都为无穷大。

（1）这 4 个端口都是匹配的，即

$$S_{11} = S_{22} = S_{33} = S_{44} = 0$$

（2）当各端口接匹配负载时，端口 1 和端口 4 之间、端口 2 和端口 3 之间都彼此隔离，即

$$S_{14} = S_{23} = 0$$

（3）端口 1 至端口 2 和端口 3，端口 4 至端口 2 和端口 3，功率完全平分，即

$$|S_{21}| = |S_{31}| = \frac{1}{\sqrt{2}}$$

$$|S_{24}| = |S_{34}| = \frac{1}{\sqrt{2}}$$

反之亦然，即从端口 2 进入的功率平分地进入端口 1 和端口 4，从端口 3 进入的功率也平分地进入端口 1 和端口 4，即

$$|S_{12}| = |S_{42}| = \frac{1}{\sqrt{2}}$$

$$|S_{13}| = |S_{43}| = \frac{1}{\sqrt{2}}$$

由定向耦合器的耦合度 $C = 10\log\dfrac{1}{|S_{31}|^2}$（dB）和 $C = 3$（dB），得 $|S_{31}| = \dfrac{1}{2}$，即功率平分。因此实际上，3dB 定向耦合器为功率平分器。

由此可知，低阻抗传输线的阻抗 $Z_{\mathrm{L}} = \dfrac{Z_0}{\sqrt{2}}$，长度为 $\dfrac{1}{4}\lambda$。

衡量 90° 电桥的核心技术指标与第 2 章中的定向耦合器类似，主要有耦合度、隔离度、插入损耗、工作带宽、相位正交特性等。在实际工程中，根据使用场景，还需要考虑非电学指标，如尺寸大小、功率、容量、质量等。

7.2　3dB 电桥实例与仿真

7.2.1　案例参数及设计指标

3dB 电桥的主要技术指标如下。

- 频率范围：4.5～5.5GHz。

- 中心频率：5GHz。
- 4.95～5.05GHz 频段内的输入驻波比：$\rho<1.2$。
- 中心频点 $f_0=5$GHz 处的插损和耦合度：2.9dB<IL=C<3dB。
- 4.5～5.5GHz 频段内的隔离度：$D>17$dB。
- 耦合端口和输出端口的相位差：90°。
- 基片选用 RO4350B，介电常数为 4.25，介质基板层的厚度为 0.508 mm。

7.2.2 3dB 电桥设计

1. 电路初始值计算

步骤 1：双击安装好的 IE3D 的"Program Manager"快捷图标![icon]，选择"IE3D-SSD"→"LineGauge"选项，弹出"LineGauge:A Complete Transmission Line Analysis and Synthesis Tool"对话框，如图 7-2 所示。按照介质基板层的参数设置"Common Parameters"选区中的参数，分别计算得到 $Z_0=50\Omega$ 时，$W=0.99$mm，$L=8.34$mm；$Z_L=35.36\Omega$ 时，$W=1.69$mm，$L=8.14$mm。

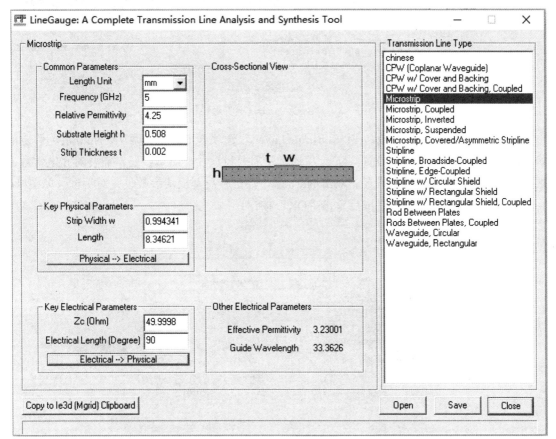

图 7-2　"LineGauge:A Complete Transmission Line Analysis and Synthesis Tool"对话框

2．电路原理图设计、仿真与优化

（1）双击安装好 IE3D 的"Program Manager"快捷图标，选择"IE3D-SSD"→"Mgrid"选项，运行 Mgrid 程序。选择"File"→"New"选项，启动一个新项目，弹出"Basic Parameters"对话框，如图 7-3 所示。

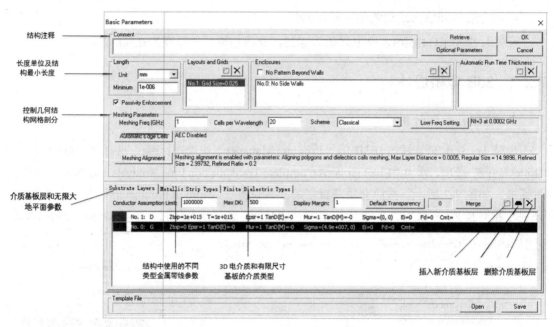

图 7-3   "Basic Parameters"对话框

（2）定义介质基板层参数，在"Substrate Layers"选项卡下默认有两层，No.0 层为假定的默认地平面，一般选择默认设置；No.1 层通常是需要设置的介质基板层，需要对介电常数、磁导率、电导率和厚度进行设置。双击 No.1 层，弹出介质基板层参数设置对话框，如图 7-4 所示，按图设置参数，设置完成后单击"OK"按钮。

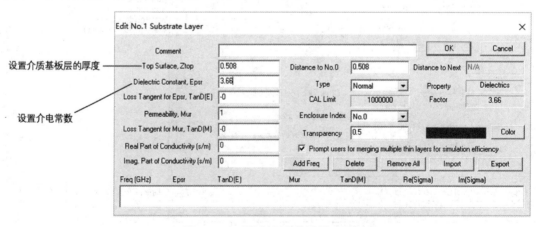

图 7-4   介质基板层参数设置对话框

（3）定义金属带线参数。对于常规导体，其金属带线参数包括带线厚度、表面粗糙度、介电常数、磁导率和电导率。在"Metallic Strip Types"选项卡下默认有一层，如图 7-5 所示。

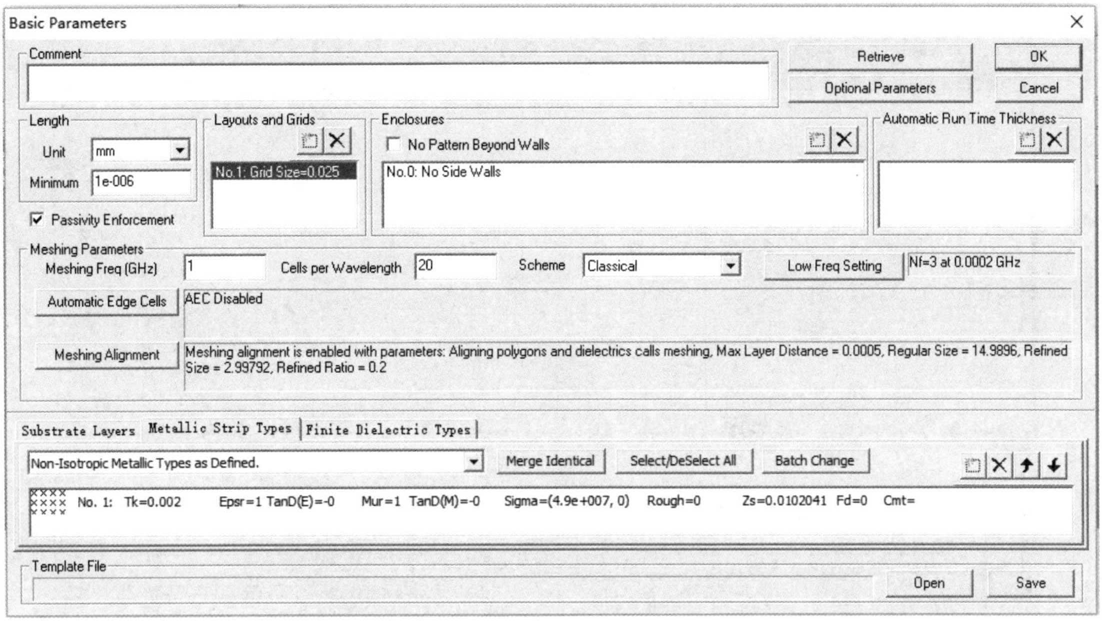

图 7-5　"Metallic Strip Types"选项卡

双击 No.1 金属带层，弹出金属带层参数设置对话框，如图 7-6 所示，按图设置参数，设置完成后单击"OK"按钮。

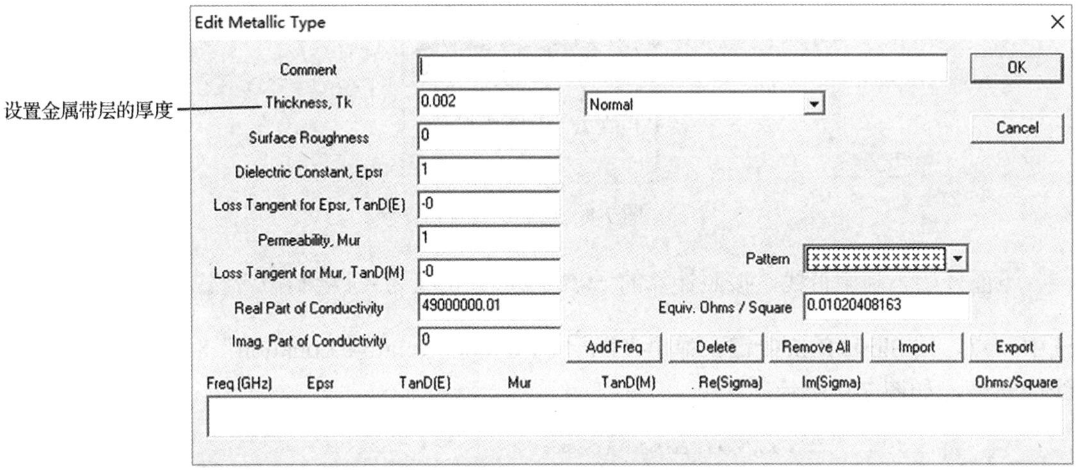

图 7-6　金属带层参数设置对话框

（4）单击"OK"按钮，关闭"Basic Parameters"对话框，此时将弹出几何结构设计窗口，如图 7-7 所示。

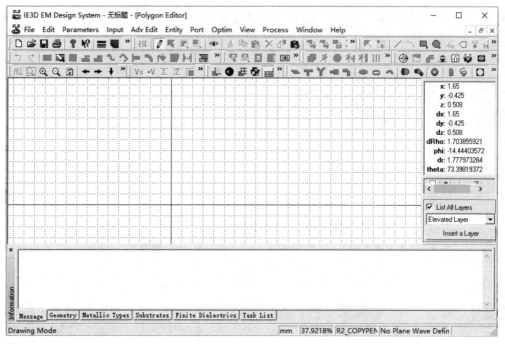

图 7-7　几何结构设计窗口

（5）设计 3dB 电桥拓扑结构。拓扑结构位于的层可以自由选择，如图 7-8 所示。默认选择在金属带层上编辑拓扑结构。

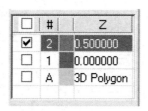

图 7-8　层选快捷窗口

下面开始绘制微带线。按照计算的 50Ω 线宽、长度为 $\frac{1}{4}\lambda$ 绘制微带线，在工程界面随意选中一点，按 Shift+R 快捷键，弹出 "Keyboard Input Relative Location" 对话框，设置微带线的长度，如图 7-9 所示。

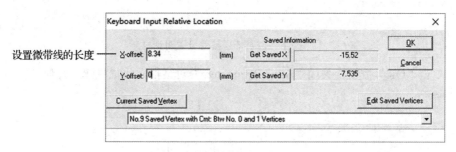

图 7-9　设置微带线的长度

继续按 Shift+R 快捷键，设置微带线的宽度，如图 7-10 所示。

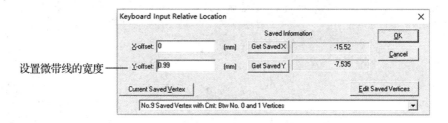

图 7-10　设置微带线的宽度

继续按 Shift+R 快捷键，按图 7-11 进行设置。

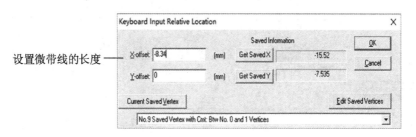

图 7-11　设置微带线的长度

继续按 Shift+R 快捷键，按图 7-12 进行设置。

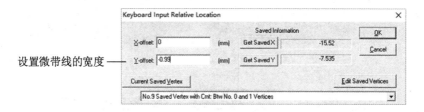

图 7-12　设置微带线的宽度

至此，$\frac{1}{4}\lambda$ 的 50Ω 微带线就完成了，如图 7-13 所示。

依照上述步骤完成拓扑结构图设计，如图 7-14 所示。

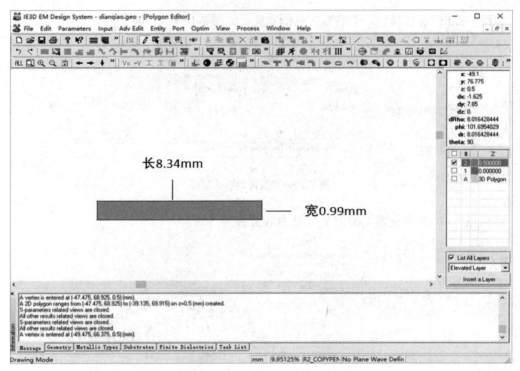

图 7-13　$\dfrac{1}{4}\lambda$ 的 50Ω 微带线

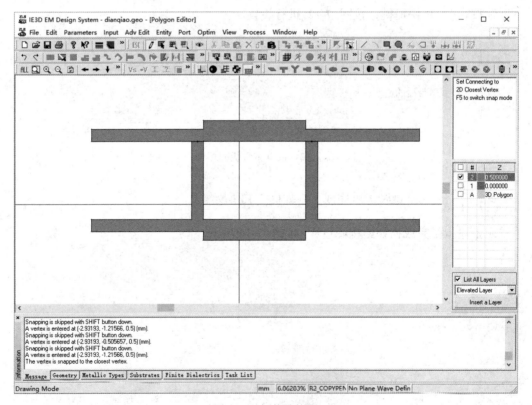

图 7-14　拓扑结构图

（6）定义端口。如果结构中没有任何端口或平面波激励，则仿真引擎不会工作。端口定义在多边形的棱边上，IE3D 提供了多种定义端口的方法。选择"Port"→"Define Port"选项，允许用户通过单击结构棱边来定义端口，如图 7-15 所示；而选择"Port"→"Port for Edge Group"选项，则允许用户通过框选一组棱边来定义端口。

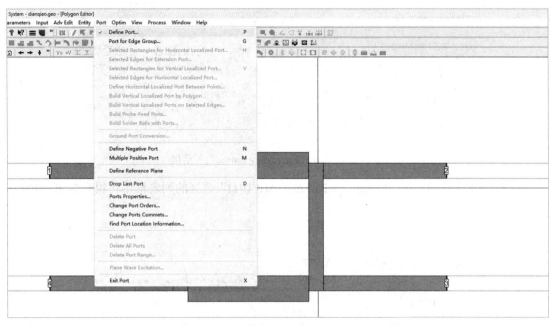

图 7-15　定义端口

（7）仿真该结构。选择"Process"→"Simulate"选项，弹出"Simulation Setup"对话框，如图 7-16 所示。

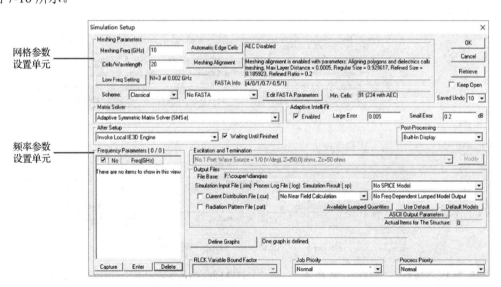

图 7-16　"Simulation Setup"对话框

对于初步设计的电路，其仿真不需要过于精确，因此，为了节省仿真时间，不需要在加网格的条件下仿真，即网格参数设置单元选择默认设置。下面设置频率参数，在频率参数设置单元单击"Enter"按钮，弹出"Enter Frequency Range"对话框，设置 Start Freq=3GHz、End Freq=6GHz 及 Number of Freq=101。此时，Mgrid 会自动计算得到 Step Freq=0.03GHz，如图 7-17 所示。

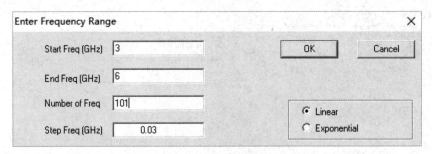

图 7-17　"Enter Frequency Range"对话框

单击"OK"按钮，在"Frequency Parameters(0/101)"选区的列表框中将得到要求的频点，如图 7-18 所示。

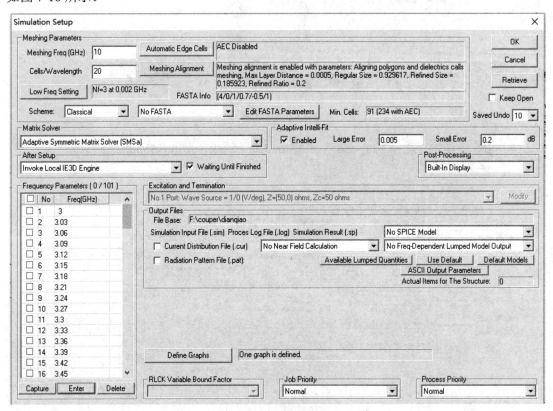

图 7-18　"Simulation Setup"对话框

单击"OK"按钮，IE3D 引擎开始仿真，"IE3D Electromagnetic Simulation and Optimization Engine"对话框显示仿真过程，如图 7-19 所示。

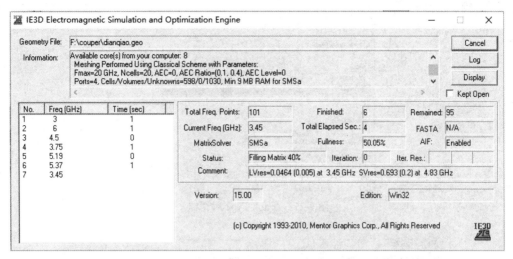

图 7-19　"IE3D Electromagnetic Simulation and Optimization Engine"对话框

（8）查看仿真结果。选择"Process"→"S-Parameters and Lumped Equivalent Circuit"选项，弹出"S-Parameters and Frequency Dependent Lumped Element Models 对话框"，如图 7-20 所示。

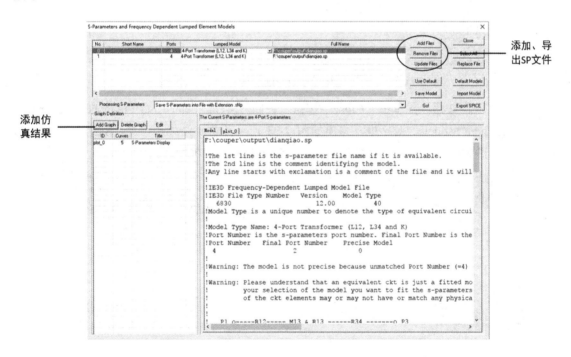

图 7-20　"S-Parameters and Frequency Dependent Lumped Element Models"对话框

单击"Add Graph"按钮，弹出"Graph Type"对话框，如图 7-21 所示，在"Type"选区的列表框中选择"S-Parameters"选项。单击"OK"按钮，在弹出的"Display Selection for the Graph"对话框中勾选 S(1,1)、S(2,1)、S(3,1)、S(4,1)对应的"dB"复选框，如图 7-22 所示。

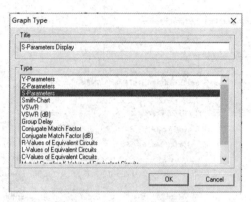

图 7-21　Graph Type 对话框

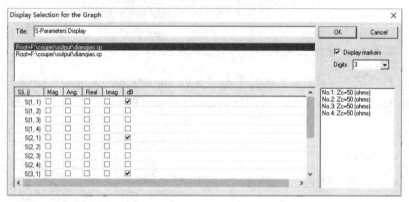

图 7-22　"Display Selection for the Graph"对话框

单击"OK"按钮，并单击"Close"按钮，关闭"S-Parameters and Frequency Dependent Lumped Element Models"对话框，弹出如图 7-23 所示的仿真结果。可见，S(2,1) = −3.19dB @5.33GHz，S(3,1) = −3.17dB@5.33GHz，S(4,1) = −20dB@5.30GHz。

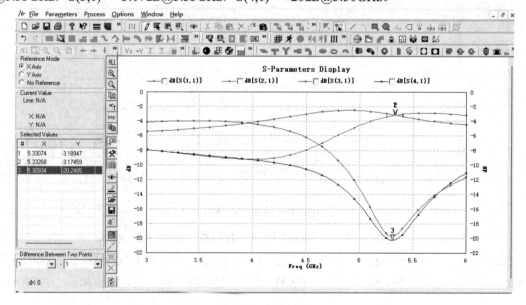

图 7-23　仿真结果

（9）优化仿真结果。首先设置优化变量，要从最敏感的变量开始设置，因此，首先将电桥低阻抗分支线的长度和宽度设置为优化变量。图 7-24 所示为常用快捷按钮。

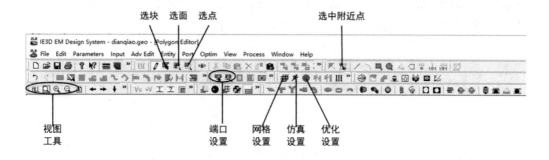

图 7-24　常用快捷按钮

单击"选点"按钮，选中电桥中心线左边电路的所有点，如图 7-25 所示，被选中的点会被包含在菱形框内。

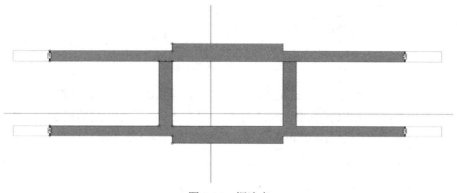

图 7-25　框选点

选择"Optim"→"Variable For Selected Objects..."选项，弹出"Optimization Variable Definition"对话框，如图 7-26 所示。

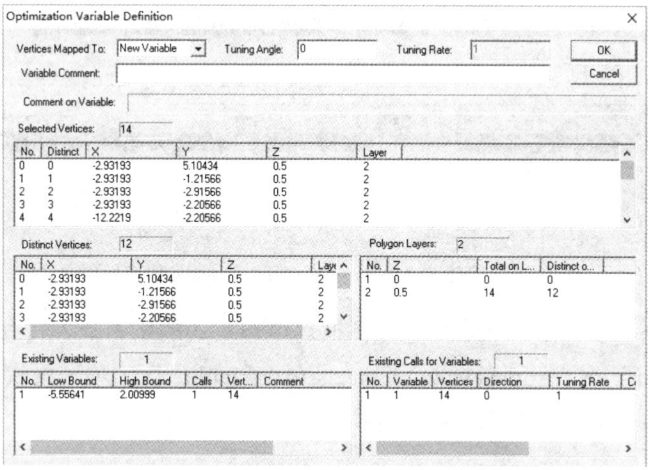

图 7-26　"Optimization Variable Definition"对话框

默认"Vertices Mapped To"为"New Variable"。确定"Tuning Angle"为"0",因为我们需要改变顶点的 X 坐标。单击"OK"按钮,Mgrid 将处于 Low Bound Definition(最低边界定义)模式,向左移动鼠标指针,将会看到结构边框在改变,在适当位置单击鼠标左键,Mgrid 将提示设置最低边界,这里将其设置为-5,如图 7-27 所示。

图 7-27   设置最低边界

单击"OK"按钮后,Mgrid 将进入最高边界定义模式,向右移动鼠标指针,同样会看到结构边框在改变。在适当位置单击鼠标左键,Mgrid 提示设置最高边界,这里将其设置为 3,如图 7-28 所示。

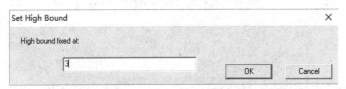

图 7-28   设置最高边界

单击"OK"按钮,弹出"Defining No.3 Variable Finished"对话框,如图 7-29 所示。在该对话框中,可以通过单击"Check Bounds"按钮来检查边界,进行一些随机试验,核查边界是否被正确定义。单击"Continue Without Action"按钮,Mgrid 完成第一个变量的定义。

No	Low Bound	High Bound	Optim Calls	Comment
1	-5.55641	2.00999	1	
2	-5	3	1	
3	-5	3	1	

No	Mapped To	Rate	Vertices	Direction	Comment
1	1	1	14	0	
2	2	1	14	0	
3	3	1	14	0	

图 7-29   "Defining No.3 Variable Finished"对话框

选择"Edit"→"Select Vertices"选项,框选电路右边的所有点,将其和第一个变量进行关联。选择"Optim"→"Add Selected Objects to Variable..."选项,再次弹出"Optimization Variable Definition"对话框,如图 7-30 所示。

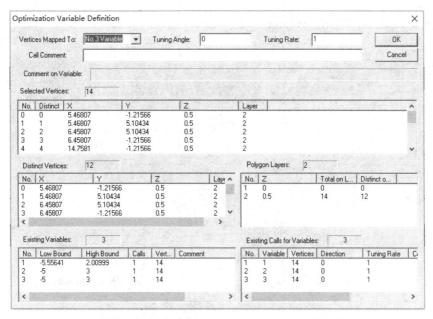

图 7-30　"Optimization Variable Definition" 对话框

只是这里的 "Vertices Mapped To" 为 "No.3 Variable"，且激活 "Tuning Rate"（默认值为 "1"）数值框，默认为将已选顶点添加到现有 No.3 Variable 变量（使其互相关联）中。当然，也可以选择 "Vertices Mapped To" 为 "New Variable"，定义第二个变量。本例中将电桥左右点设置为关联变量，因此接受默认设置。单击 "OK" 按钮，并单击 "Continue Without Action" 按钮，完成一对关联变量的设置。

（10）依照上述步骤将电桥低阻抗线的宽边和两条竖直微带的长边分别设置为变量。选择 "Optim" → "Geometry Tuning..." 选项，弹出 "IE3D Geometry Tuning" 对话框，如图 7-31 所示。在该对话框中，可以查看变量的变化范围及调节变量；也可以查看电路结构的变化趋势，以便于检查变量设置是否正确。

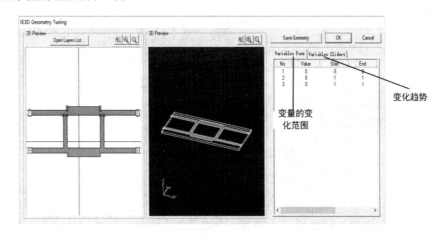

图 7-31　IE3D Geometry Tuning 对话框

（11）设置优化目标。选择 "Process" → "Optimize" 选项，弹出 "Optimization Setup" 对

话框，如图 7-32 所示，选择 "Scheme" 为 "Powell"。

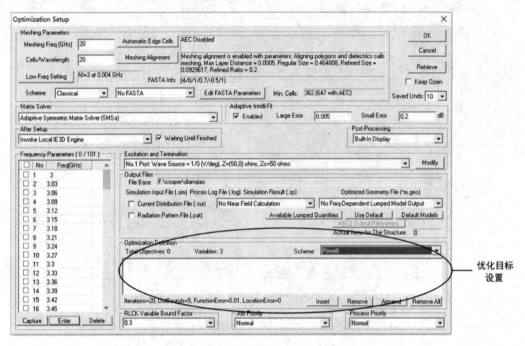

图 7-32   "Optimization Setup" 对话框

单击 "Optimization Definition" 选区中的 "Insert" 按钮，MGRID 提示用户定义一个优化目标，如图 7-33 所示。定义 "Start Frequency" 为 "4.95"，"End Frequency" 为 "5.05"，"Quantity" 为 "dB(S)"，"1st Parameter" 为 "(2,1)"，"Operator" 为 "By Itself"，"Objective Type" 为 "Optimization Quantity=Objective1"，"Objective1" 为 "−3"，"Weight" 为 "1"，单击 "OK" 按钮，添加定义的优化目标到列表框中。

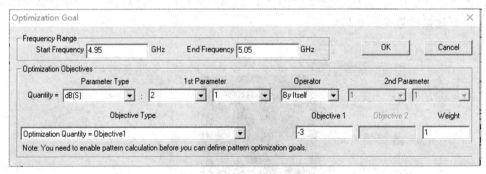

图 7-33   优化目标定义对话框

如图 7-34 所示，在 "Optimization Definition" 选区中再次单击 "Insert" 按钮，定义 "Start Frequency" 为 "4.95"，"End Frequency" 为 "5.05"，"Quantity" 为 "dB(S)"，"1st Parameter" 为 "(3,1)"，"Operator" 为 "By Itself"，"Objective Type" 为 "Optimization Quantity=Objective1"，"Objective1" 为 "−3"，"Weight" 为 "1"，单击 "OK" 按钮，添加定义的优化目标到列表框中。

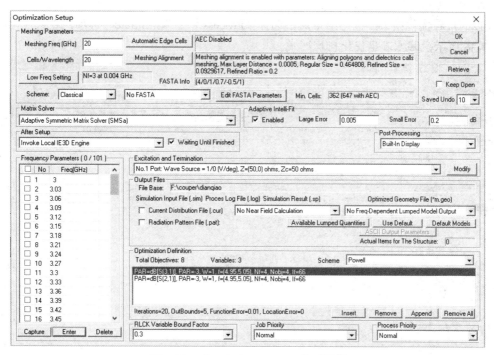

图 7-34　"Optimization Setup" 对话框

单击 "OK" 按钮，Mgrid 将调用 IE3D 执行目标优化操作，弹出 "IE3D EM Optimization" 对话框，如图 7-35 所示。

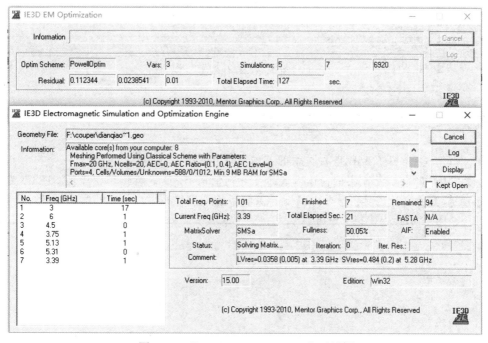

图 7-35　"IE3D EM Optimization" 对话框

（12）查看优化结果。优化结束后，选择"Process"→"Simulate"选项，查看优化结果，如图 7-36 所示，基本满足优化目标要求。

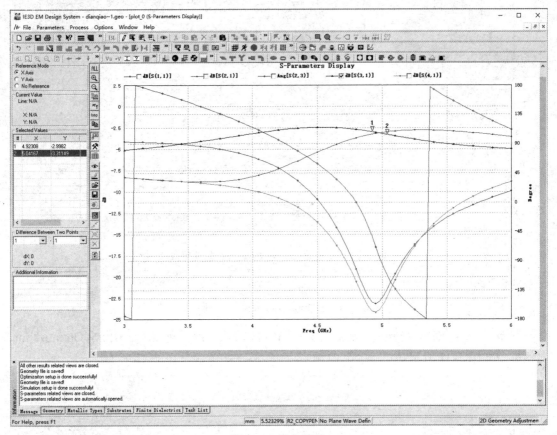

图 7-36　优化结果

本章着重介绍了 3dB 电桥技术的基本原理和关键技术参数，并通过一个中心频率为 5GHz 的 3dB 90°电桥设计实例向读者展示了如何使用 IE3D 进行仿真和优化。IE3D 为工程师提供了强大的设计工具，帮助工程师确保电桥的性能符合要求，同时辅助提高设计效率。

第8章　IE3D 与其他软件的结合使用

IE3D 有时并不能满足设计需要。例如，在微带线比较复杂的 ADS LAYOUT 仿真中，时间成本和优化速度是我们必须考虑的因素，因此需要 IE3D 和其他软件结合使用。IE3D 可以使用 GDSII 文件与其他软件（如 Sonnet、ADS）结合仿真，简化设计过程，提高仿真效率，优化仿真结果。

 ## 8.1　IE3D 与 ADS 的联合仿真

本节主要讲述 IE3D 与 ADS 的联合仿真。ADS 是基于路仿真，但提供以矩量法进行场分析的电磁仿真软件。在一般情况下，很规则的平面传输线无源电路可以先用 ADS 进行电路综合设计，再导入 IE3D 进行电磁仿真，这样可以最有效地进行设计，缩短设计周期。本节从一个平面滤波器出发，先在 ADS 中基于路仿真综合一个平面滤波器；然后生成 ADS Moment 版图；最后导出成 GDSII 文件，导入 IE3D 进行优化仿真。

8.1.1　ADS 模型仿真及导出

启动 ADS，并在 ADS 首页上方菜单栏中选择"File"→"Open"→"Workspace"选项，找到并打开工程文件 Course_Design_BPF_wrk（本书范例的工程文件路径为 C:\User\sly\Course_Design_BPF_wrk），在打开的工程文件中找到其中的原理图 schematic［见图 8-1（a）］并打开［见图 8-1（b）］。

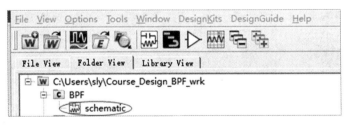

（a）

图 8-1　ADS 的启动及原理图界面

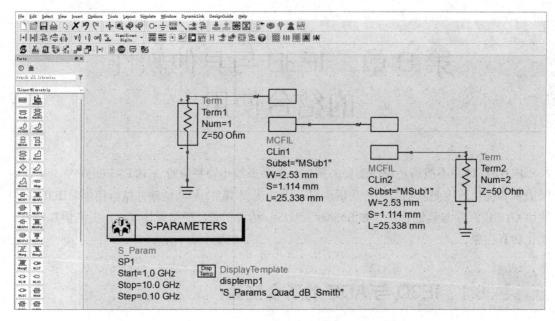

（b）

图 8-1　ADS 的启动及原理图界面（续）

　　双击原理图中的"MSub"控件，可看到如图 8-2 所示的介质基板层参数，方便之后在 IE3D 中输入与之相同的介质基板层参数。

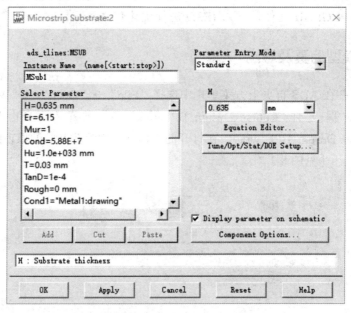

图 8-2　介质基板层参数

　　单击"Simulate"按钮，可得如图 8-3 所示的 ADS 电路仿真结果。

　　回到原理图界面，单击"Deactivate or Activate Components"快捷按钮⊠，将原理图中的端口和接地停用，使得端口和接地失效，失效后的器件上将有虚线叉号显示，如图 8-4 所示。

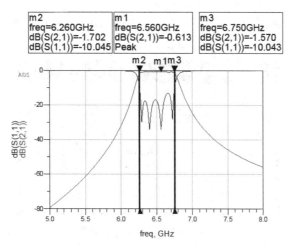

图 8-3　ADS 电路仿真结果

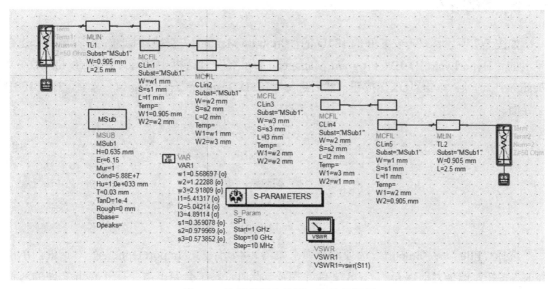

图 8-4　将原理图中的端口和接地停用

选择"Layout"→"Generate/Update Layout"选项，单击"OK"按钮，生成如图 8-5 所示的 ADS Moment 版图。

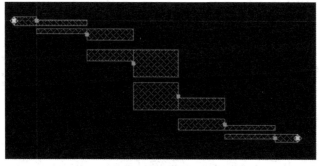

图 8-5　ADS Moment 版图

在"ADS Moment"版图界面选择"File"→"Export"选项，选择一个地址保存好即将生成的 GDS 文件，单击"OK"按钮，如图 8-6 所示。

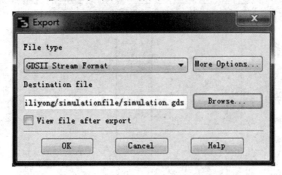

图 8-6　生成 GDS 文件前的操作

8.1.2　模型导入

如图 8-7 所示，双击安装好的 IE3D 的"Program Manager"快捷图标，打开软件，先在弹出的"HyperLynx 3D EM Program Manager Licen…"对话框中选择"HyperLynx 3D EM Designer"选项，单击"OK"按钮；然后选择"IE3D Designer"→"Mgrid"选项，打开 IE3D 主界面。

图 8-7　"Program Manager"快捷图标

选择"File"→"Import"选项，会弹出如图 8-8 所示的"Import Options"对话框，单击"OK"按钮，选择之前保存的 GDS 文件并打开。此时，系统会弹出需要打开.tech 文件的对话框；单击"Cancel"按钮，取消操作，弹出如图 8-9（a）所示的"Import Data Options"对话框。单击"OK"按钮，IE3D 中出现如图 8-9（b）所示的导入后的平面滤波器。

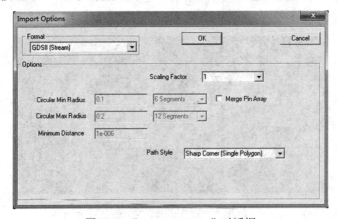

图 8-8　"Import Options"对话框

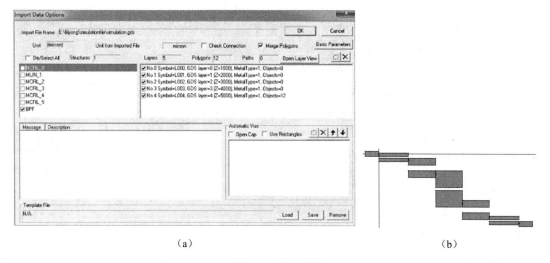

(a)　　　　　　　　　　　　　　(b)

图 8-9　导入模型

8.1.3　设置基本参数

在 IE3D Mgrid 中导入模型后，需要设置一些基本参数。选择"Parameters"→"Basic Parameters"选项。在弹出的对话框的"Length"选区中，把"Unit"改成"mm"，如图 8-10 所示。

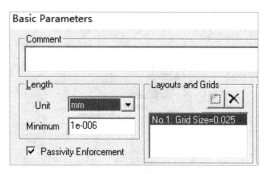

图 8-10　修改"Unit"

在"Basic Parameters"对话框中，单击"Substrate Layers"选项卡中的按钮，插入介质基板层，进入新增介质基板层参数设置对话框，按图 8-11 设置介质基板层的厚度及介电常数，单击"OK"按钮完成设置。

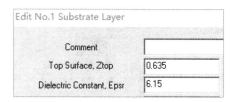

图 8-11　介质基板层参数设置

回到"Basic Parameters"对话框，单击"OK"按钮，完成基本参数设置。

回到如图 8-12 所示的界面，可以发现，滤波器电路未在介质基板层上。这时，需要调整平面电路至介质基板层。

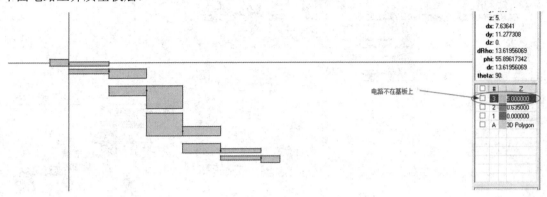

图 8-12　平面电路未在介质基板上

如图 8-13 所示，选择"Edit"→"Select Polygon Group"选项或单击快捷按钮 ▦，在平面电路左上方按住鼠标左键，下拉至右下方，选中整个电路，电路变成黑色，选择"Edit"→"Change Z-Coordinate"选项，将"New Z-Coordinate"改为"0.635"。

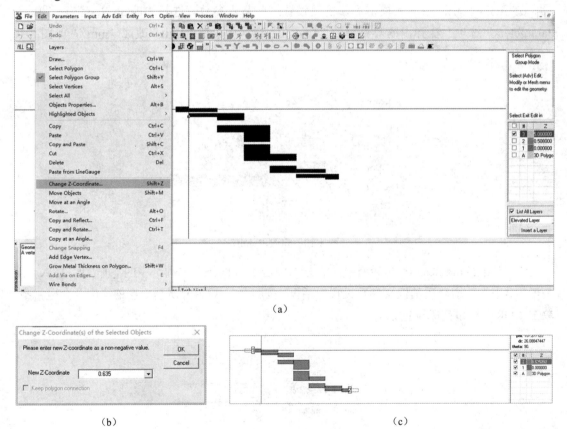

（a）

（b）　　　　　　　　　　　　　　　　　（c）

图 8-13　调整平面电路至介质基板层

8.1.4　初步仿真及优化

基本参数设置完成后，需要进行初步仿真，并利用 IE3D 的优势对其进行优化。

如图 8-12 所示，电路还没有添加输入/输出端口。选择"Port"→"Port for Edge Group"选项或单击快捷按钮 ，在弹出的对话框的"De-Embedding Scheme"选区中选中"Advanced Extension"单选按钮，勾选"Auto Adjustment"复选框，单击"OK"按钮以接受其他默认设置，如图 8-14（a）所示。按住鼠标左键，下拉选中输入端的边。同理，重复以上操作添加输出端口，结果如图 8-14（b）所示。

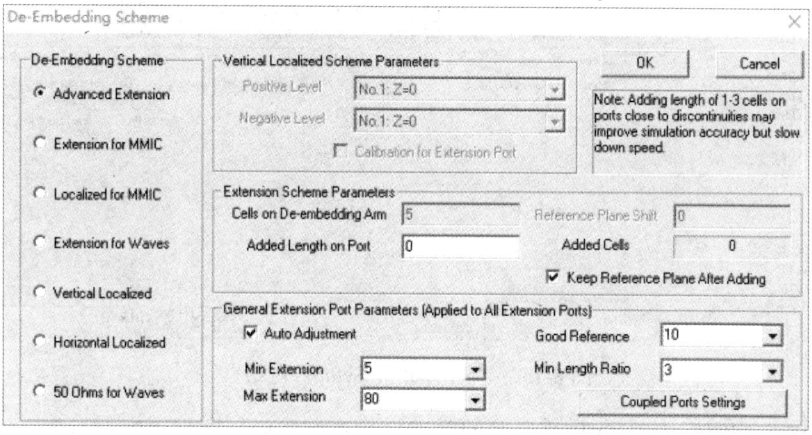

（a）

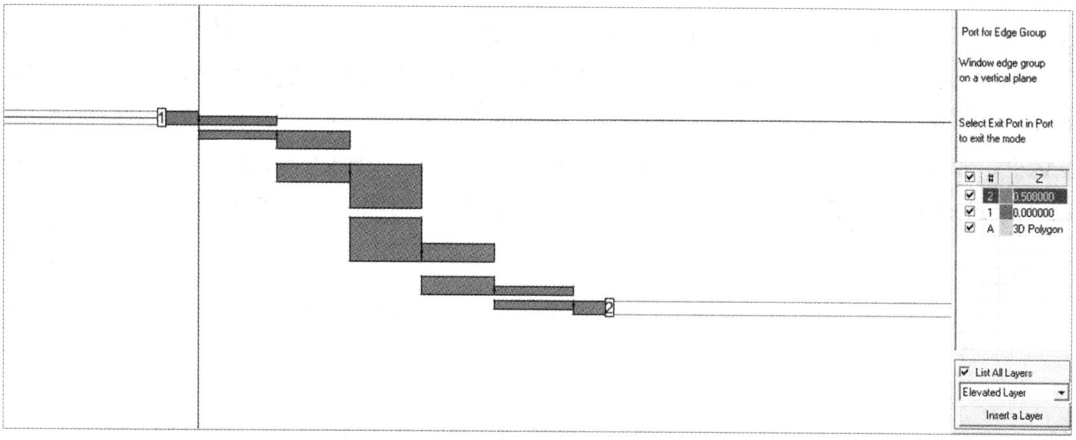

（b）

图 8-14　添加端口

端口设置完成后，选择"Process"→"Simulate"选项或单击快捷按钮 ，进入"Simulation Setup"对话框，如图 8-15 所示。在"Meshing Freq(GHz)"数值框中输入 18，在"Frequency Parameters(0/501)"选区中单击"Enter"按钮，在弹出的对话框中输入求解频率和求解点数，即在"Start Freq(GHz)"数值框中输入 4，在"End Freq(GHz)"数值框中输入 9，在"Number of Freq"数值框中输入 501，单击"OK"按钮。

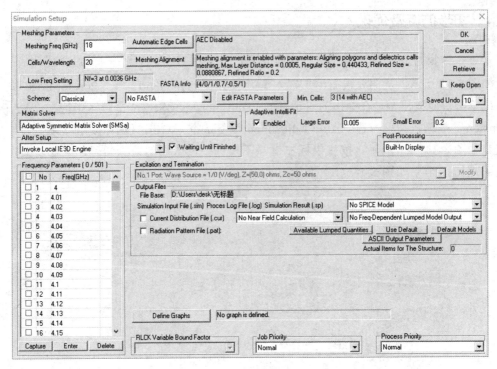

图 8-15　"Simulation Setup" 对话框

单击"OK"按钮后，IE3D 仿真器开始仿真。仿真完成后，选择"Process"→
"S-Parameters and Lumped Equivalent Circuit"选项，在接下来弹出的"S-Parameters and
Frequency Dependent Lumped Element Models"对话框的"Graph Definition"选区中单击"Add
Graph"对话框，如图 8-16（a）所示；在"Graph Type"对话框中选择"S-Parameters"选项，
如图 8-16（b）所示。单击"OK"按钮，在弹出的对话框中勾选 S(1,1)和 S(2,1)对应的"dB"
复选框，如图 8-16（c）所示。单击"OK"按钮，返回"S-Parameters and Frequency Dependent
Lumped Element Models"对话框，单击"Close"按钮即可出现如图 8-17 所示的初步仿真结果。

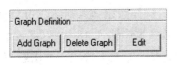

（a）

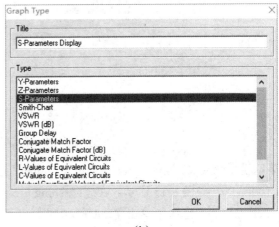

（b）

图 8-16　添加 S 参数仿真结果步骤

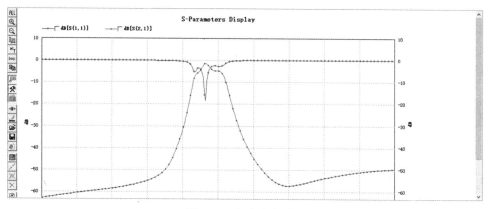

（c）

图 8-16   添加 S 参数仿真结果步骤（续）

图 8-17   初步仿真结果

可以看出，图 8-17 和图 8-3 的差别很大。接下来就可以利用 IE3D 的优势，对此规整对称的电路进行优化仿真了。

选择"Edit"→"Select Vertices"选项或单击快捷按钮 ，按住鼠标左键，下拉选中输入端的端点。选择"Optim"→"Variable For Selected Objects..."选项，如图 8-18 所示。

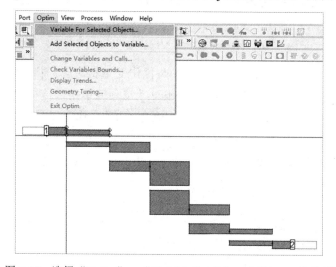

图 8-18   选择"Optim"→"Variable For Selected Objects..."选项

如图 8-19 所示，进入"Optimization Variable Definition"对话框，将"Tuning Angle"设置为"90"，意思是选中的电路的位置将沿着 Y 轴垂直移动变化，单击"OK"按钮，往下拖动抽头一小段距离，弹出"Set Low Bound"对话框，即设置变量下边界，可以在数值框中输入一个合适的值，单击"OK"按钮；往上拖动抽头一小段距离，同理会弹出"Set High Bound"对话框，即设置上边界。

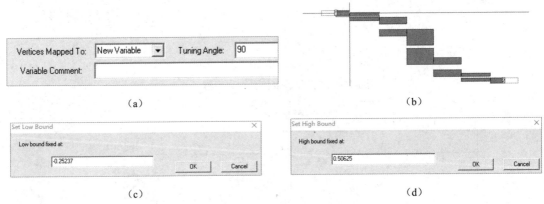

（a）   （b）

（c）   （d）

图 8-19   设置输入抽头优化变量的变化区间

如图 8-20 所示，弹出"Defining No.1 Variable Finished"对话框，单击"Continue Without Action"按钮，完成第一个抽头的优化变量的设置。

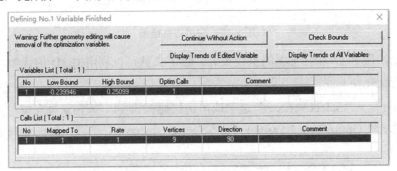

图 8-20   "Defining No.1 Variable Finished"对话框

接下来设置输出抽头优化变量，与输入抽头优化变量相对应，将其设置为输入抽头的对称优化变量。同理，选择"Edit"→"Select Vertices"选项或单击快捷按钮，选中输出抽头，选择"Optim"→"Add Selected Objects to Variable..."选项，弹出如图 8-21 所示的对话框，确认"Vertices Mapped To"为"No.1 Variable"，设置"Tuning Angle"为"-90"，单击"OK"按钮，完成第一组优化变量的设置。单击"Continue Without Action"按钮。

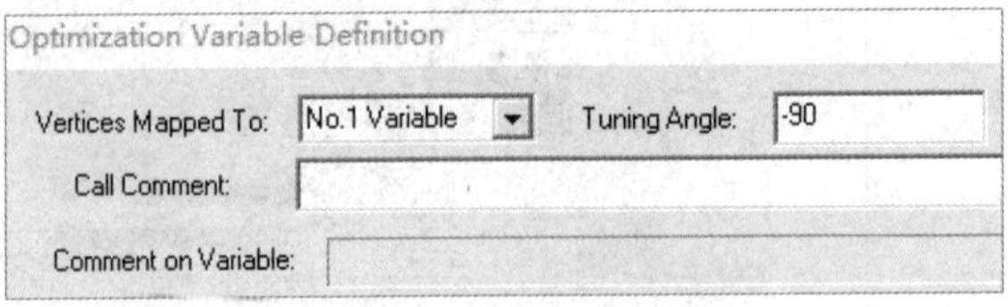

图 8-21   输出抽头优化变量设置对话框

同理，可以设置第二个优化变量。选中从输入端开始的两个谐振器的所有顶点，将其设置为第二个优化变量，将输出端对应的两个谐振器设置为对称变量，最终有 3 组谐振器对称优化变量。读者可以将除去输入、输出抽头的谐振器的宽度也设置为 2 组对称优化变量，这样，总共有 5 组对称优化变量。选择"Optim"→"Geometry Tuning..."选项，可以看到 2D 和 3D 图像，单击"Variables Sliders"选项卡，上下调节滑块，可以看到 2D 和 3D 图像优化变量的对称变化，检查有无冲突交叉处，如图 8-22 所示。选择"Optim"→"Change Variables and Calls..."选项，可以修改优化变量的上/下边界。

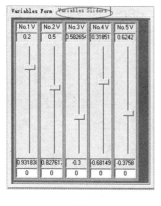

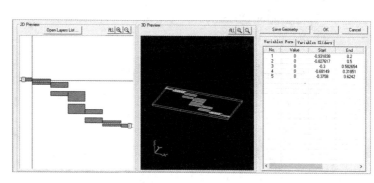

(a)   (b)

图 8-22 检查优化变量

检查无误后，选择"Process"→"Optimize"选项或单击快捷按钮，进入"Optimization Setup"对话框，如图 8-23 所示。

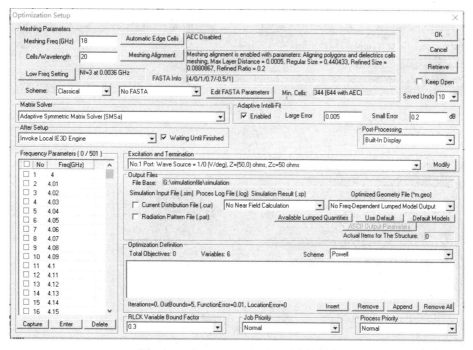

图 8-23 "Optimization Setup"对话框

在"Optimization Definition"选区中单击"Insert"按钮，进入"Optimization Goal"对话框，将"Start Frequency"设置为"6.25"，"End Frequency"设置为"6.75"；因为初步仿真结果很差，所以从 $S_{11}<-5$dB 开始仿真，即将"Objective Type"设置为"Optimization Quantity < Objective 1"，"Objective 1"设置为"-5"，如图 8-24（a）所示。同理，设置另外两个优化目标，实现滤波器的带外抑制，即将"Start Frequency"设置为"6.00117"，"End Frequency"设置为"6.10117"，"Quantity"设置为"dB(S)"，"Objective Type"设置为"Optimization Quantity <Objective 1"，"Objective 1"设置为"-24"，如图 8-24（b）所示；将"Start Frequency"设置为"7.112"，"End Frequency"设置为"7.122"，"Quantity"设置为"dB(S)"，"Objective Type"设置为"Optimization Quantity <Objective 1"，"Objective 1"设置为"-24"，如图 8-24（c）所示。

（a）

（b）

（c）

图 8-24 优化目标设置

优化目标设置完成后，在"Optimization Setup"对话框的"Frequency Parameters(0/501)"

选区的列表框中确认求解频率范围。单击"OK"按钮，开始优化，如图 8-25 所示。

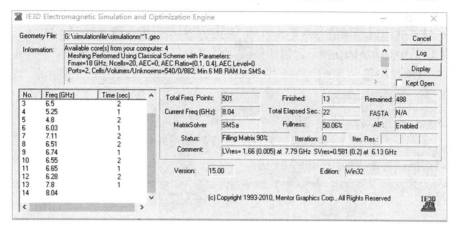

图 8-25　优化对话框

看完结果后，再次对优化目标进行调整，使 $S_{11}<-10\text{dB}$，甚至 $<-15\text{dB}$，根据优化结果做出调整，可得如图 8-26 所示的初步优化结果。

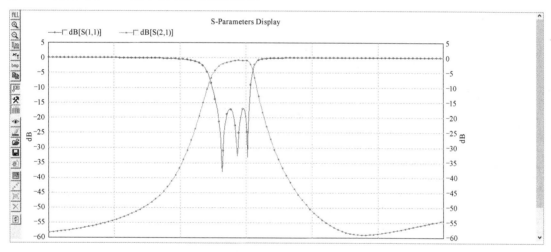

图 8-26　初步优化结果

由此可见，初步优化结果已经比较接近 ADS 电路仿真的结果了，接下来可以继续增加优化变量和调整优化目标，这里不再赘述。

 ## 8.2　IE3D 与 Sonnet 的联合仿真

本节主要讲述 IE3D 与 Sonnet 的联合仿真。IE3D 和 Sonnet 虽然都是基于矩量法的平面 2.5 维的电磁仿真软件，但是 Sonnet 比 IE3D 的计算精度高。一般都是在 IE3D 中进行仿真优化后，利用 Sonnet 的平面精度最高的电磁仿真软件的优势进行最后的验证。

8.2.1　导出/导入模型

首先，打开前面提及已仿真且优化好的 IE3D 中的滤波器工程文件 XXX.geo，双击安装好的 IE3D 的"Program Manager"快捷图标，打开软件，选择"HyperLynx 3D EM Designer"选项，单击"OK"按钮，下一步选择"HyperLynx 3D EM Designer"→"Mgrid"选项，打开 Mgrid 主界面。

进入 Mgrid 主界面后，选择"File"→"Open"选项，弹出"Open"对话框，选中相应的 XXX.geo 文件，如图 8-27（a）所示。单击"打开"按钮，弹出如图 8-27（b）所示的提示图形重叠的对话框，单击"No Action"按钮。

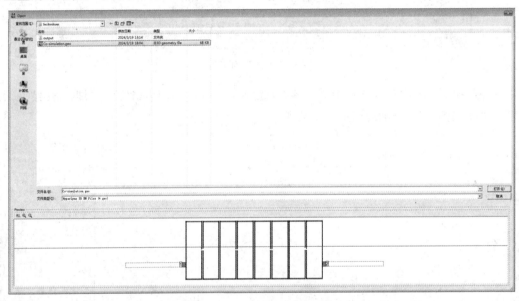

（a）

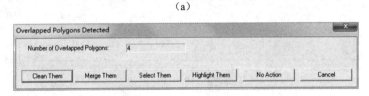

（b）

图 8-27　载入工程文件

接下来可以看到如图 8-28 所示的导入的结合仿真滤波器的平面结构。

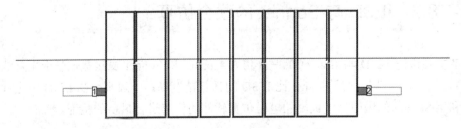

图 8-28　结合仿真滤波器的平面结构

如图 8-29 所示，选择"Parameters"→"Basic Parameters"选项，可以看到设置好的基本参数，包括介质基板层的厚度和介电常数等。

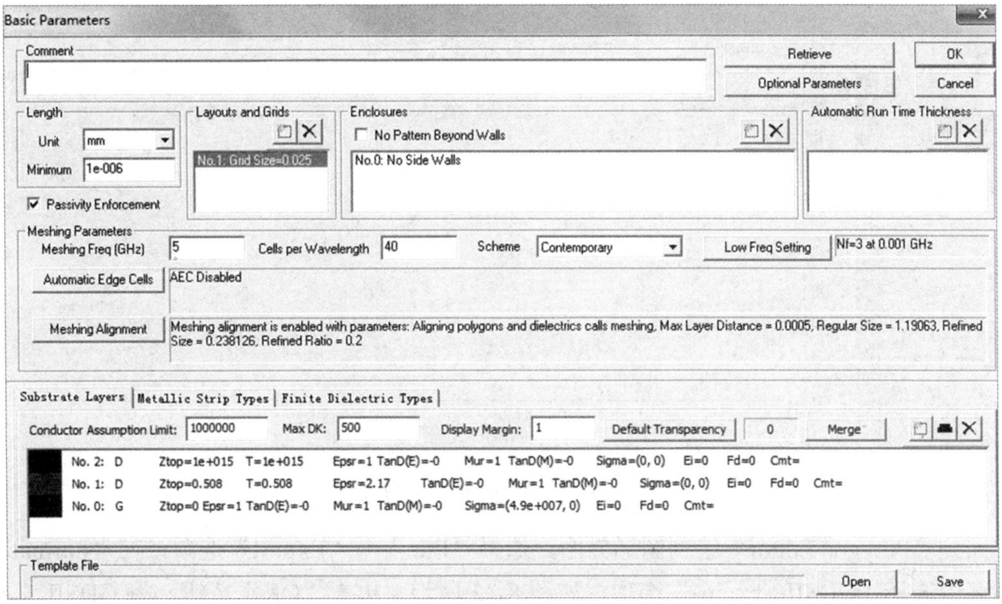

图 8-29　"Basic Parameters"对话框

关闭"Basic Parameters"对话框，选择"Process"→"Simulate"选项或单击 🏃 按钮，进入"Simulation Setup"对话框，如图 8-30 所示。可以看到，已经设置好频率范围和点数，单击"OK"按钮，开始仿真。

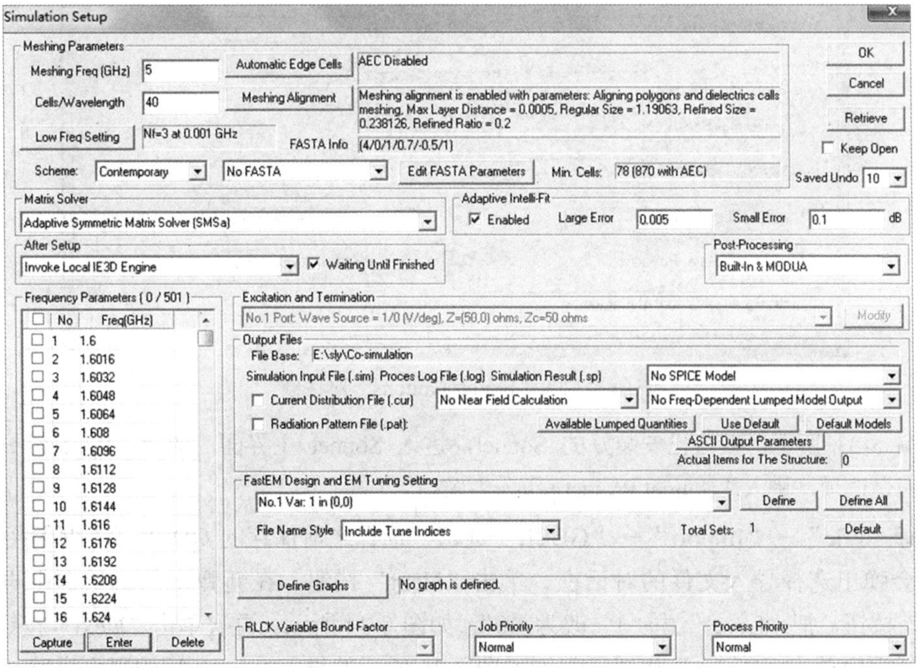

图 8-30　"Simulation Setup"对话框

仿真完成后可得到如图 8-31 所示的仿真结果。可以看出，滤波器的频率范围为 1.8～ 2.2GHz。

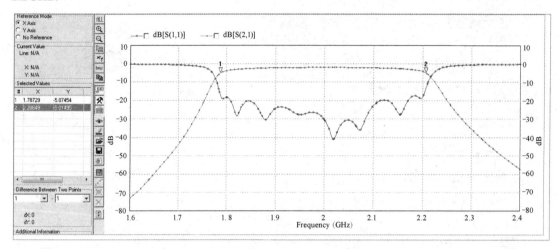

图 8-31   IE3D Designer 中的仿真结果

回到"Polygon Editor"绘制图形界面，选择"File"→"Export"选项，在"Format"下拉列表中选择"GDSII(Stream)"选项，如图 8-32 所示。单击"OK"按钮，将 GDSII 文件保存到一个没有中文的文件路径里。

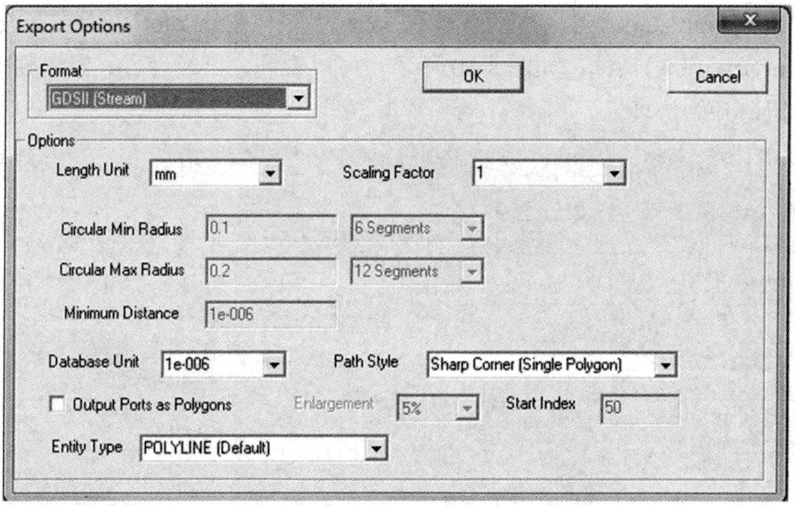

图 8-32   "Export Options"对话框

如图 8-33 所示，双击已安装好的 Sonnet，进入 Sonnet 主界面，选择"Project"→"New Geometry"选项，进入"Sonnet Project Editor"窗口。

选择"File"→"Import"→"GDSII"选项，选择之前保存的 GDSII 文件的路径，单击打开后会弹出选择导入文件的对话框，单击"Next"按钮，在新弹出的对话框中再次单击"Next"按钮，把"Level"由"1"改为"0"，如图 8-34 所示。再次单击"Next"按钮，在弹出的对话框中单击"Finish"按钮，得到如图 8-35 所示的导入 Sonnet 后的平面电路。

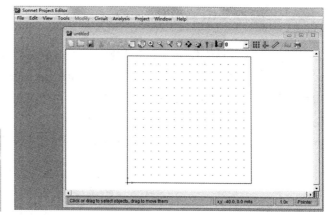

(a)　　　　　　　　　　　　　　　　　(b)

图 8-33　启动 Sonnet

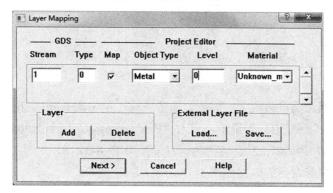

图 8-34　更改 Level 参数

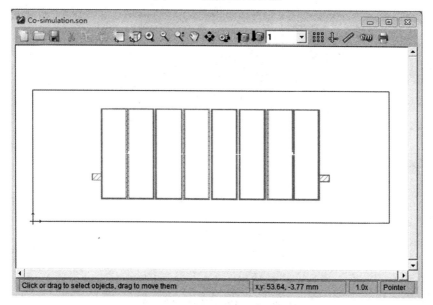

图 8-35　导入 Sonnet 后的平面电路

8.2.2　屏蔽盒及电路设置

前面已经把 IE3D Designer 中的电路导入 Sonnet 中，接下来需要设置屏蔽盒及电路。选择"Circuit"→"Box"选项，进入"Box Settings-Co-simulation.son"对话框，修改"Cell Size"中的"X"和"Y"都为"0.01"，如图 8-36 所示。单击"Apply"按钮后关闭此对话框。选择"Tools"→"Measure"选项或单击 ✎ 按钮，单击电路的左上角后，拖动鼠标至电路的左下角，自动捕捉到点后显示电路宽度为 22.92mm，同理测得电路长度为 61.22mm。

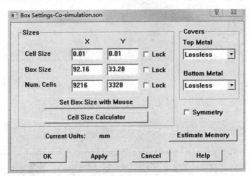

图 8-36　网格精度设置

为了防止能量耦合到屏蔽盒上，屏蔽盒的宽度应比电路宽 6mm，工程经验是上、下各留3mm。选择"Circuit"→"Box"选项，进入"Box Settings-Co-simulation.son"对话框，修改"Box Size"中的"X"为"61.22"、"Y"为"29.0"，如图 8-37 所示。单击"Apply"按钮后关闭此对话框。设置屏蔽盒后的电路如图 8-38 所示。

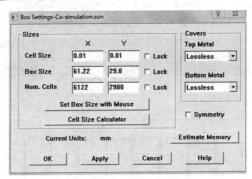

图 8-37　屏蔽盒设置

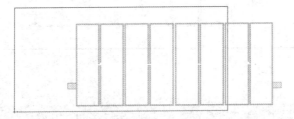

图 8-38　设置屏蔽盒后的电路

如图 8-39 所示，选中整个电路结构：单击电路左上角空白处后，按住鼠标左键，下拉至电路右下角。

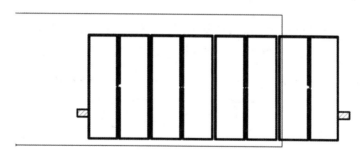

图 8-39　选中整个电路结构

选择"Modify"→"Center"→"Both"选项，将电路移动至屏蔽盒中间。选择"Tool"→"Reshape"选项后，按住鼠标左键，从左上角下拉至右下角，选中抽头，如图 8-40 所示。

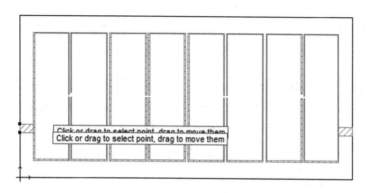

图 8-40　选中抽头

选择"Modify"→"Snap to"→"Left"选项，同理，选择"Tool"→"Reshape"选项后，选中右侧抽头，选择"Modify"→"Snap to"→"Right"选项，让抽头紧贴屏蔽盒边缘，如图 8-41 所示。

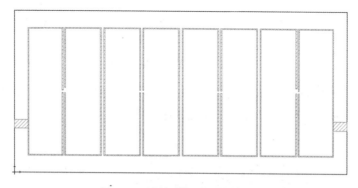

图 8-41　让抽头紧贴屏蔽盒边缘

8.2.3 介质基板层端口设置

选择"Tool"→"Add Ports"选项，选择左边抽头的最左端的边。同理，选择"Tool"→"Add Ports"选项，选择右边抽头最右端的边，加入输入/输出端口，如图 8-42 所示。

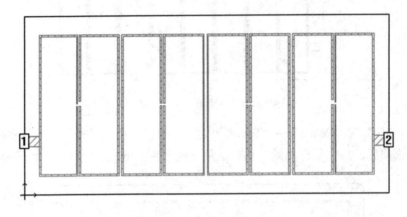

图 8-42　加入输入/输出端口

选择"Circuit"→"Dielectric Layers"选项，进入介质基板层参数设置对话框，把第一行 Thickness 设为 5mm，第二行设为 0.508mm，如图 8-43（a）所示。在第二行"Unnamed"处双击，进入"Dielectric Editor-Co-simulation.son"对话框，如图 8-43（b）所示。设置"Erel"为"2.2"，单击"OK"按钮，回到之前的对话框，单击"OK"按钮，完成介质基板层的设置。

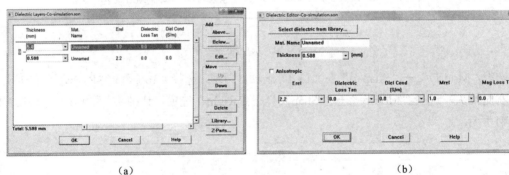

（a）　　　　　　　　　　　　　　　　（b）

图 8-43　介质基板层参数设置

选择"View"→"3D"选项，可看见如图 8-44 所示的整个电路及屏蔽盒的 3D 图像。需要注意的是，介质基板层的上边界是一个红色边框矩形。

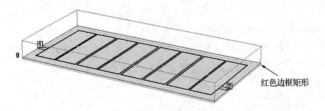

图 8-44　整个电路及屏蔽盒的 3D 图像

8.2.4　求解设置及估计屏蔽盒的谐振点

选择"Analysis"→"Setup"选项,进入仿真频率设置对话框,设置"Start(GHz)"为"1.6","Stop(GHz)"为"2.4",如图 8-45 所示,单击"OK"按钮。

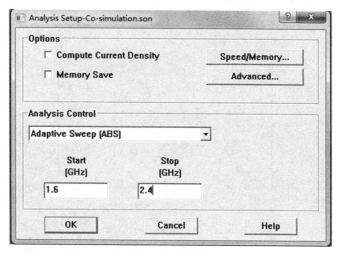

图 8-45　仿真频率设置

选择"Analysis"→"Estimate Box Resonances"选项,可看见滤波器在带宽范围内无谐振点,如图 8-46 所示。

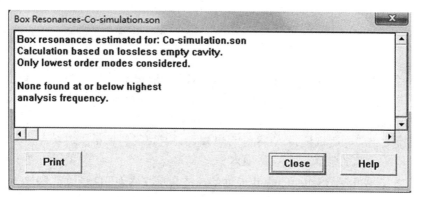

图 8-46　滤波器在带宽范围内无谐振点

8.2.5　运行仿真及结果分析

选择"File"→"Save"选项,并选择"Project"→"Analysis"选项,开始仿真(网格精度设置为"0.01X0.01"),仿真需要耗时大约 2h。仿真完成后,选择"Project"→"View Response"→"Add to Graph"选项,在窗口中添加并显示滤波器 S11 和 S22 的图形界面,如图 8-47 所示。

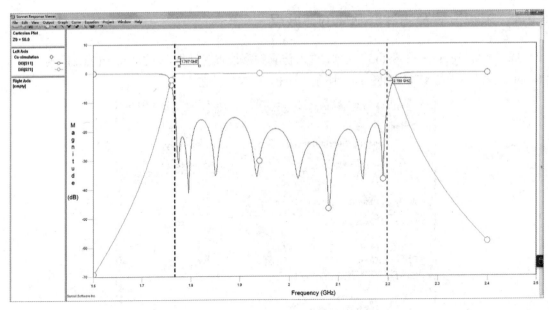

图 8-47　Sonnet 仿真结果

由图 8-31 和图 8-47 可知，在 IE3D Designer 和 Sonnet 的仿真结果的通带内，S_{11} 低端有所不同，但是通带范围都是 1.8～2.2GHz。因此，使用 IE3D Designer 优化仿真完成后，在 Sonnet 中进行验证是很有必要的，读者可以继续将 Sonnet 的网格精度提高至最小线宽的千分之五或千分之一（如 "0.002X0.004"），这样计算的结果会更加精确。

　　本章通过两个实例分别讲述了 IE3D 与 ADS、Sonnet 的联合仿真，如图 8-48 所示，在进行设计与仿真之前，读者需要知道在什么条件下使用哪种软件进行电磁设计与仿真，只有这样才可以最高效地利用有限的时间做好前期的电磁仿真。对于有源电路或集总器件和传输线混合的电路，建议选择 ADS 进行电磁设计与仿真，包括版图联合仿真；对于很规则的平面传输线无源电路，可以先用 ADS 进行电路综合设计（控件使用方便，电路综合比电磁仿真更快），再用 ADS momentum 进行电磁仿真或导入 IE3D 进行电磁仿真（更推荐后者，因为其优化更方便）；对于不规则的平面传输线无源电路，推荐直接使用 IE3D 进行电磁仿真；对于一些复杂平面电路，可以将其导入 Sonnet 做最后的精确仿真验证。

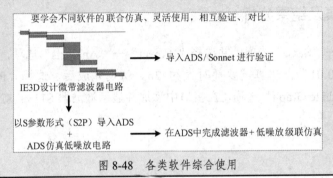

图 8-48　各类软件综合使用

　　总之，使用软件的核心是不要有依赖软件的思想，特别是不要依赖其优化功能；软件不只会简化设计，更重要的是可以提升设计质量；只有自身的理论功底、工程经验不断提升，才能真正用得好软件，因此，也要注重原理的积累；要学会更好地利用软件，不仅要设计出某个电路，更重要的是用软件帮助自己理解一些理论问题，帮助自己分析、解决工程中遇到的一些问题。

反侵权盗版声明

　　电子工业出版社依法对本作品享有专有出版权。任何未经权利人书面许可，复制、销售或通过信息网络传播本作品的行为；歪曲、篡改、剽窃本作品的行为，均违反《中华人民共和国著作权法》，其行为人应承担相应的民事责任和行政责任，构成犯罪的，将被依法追究刑事责任。

　　为了维护市场秩序，保护权利人的合法权益，我社将依法查处和打击侵权盗版的单位和个人。欢迎社会各界人士积极举报侵权盗版行为，本社将奖励举报有功人员，并保证举报人的信息不被泄露。

举报电话：（010）88254396；（010）88258888
传　　真：（010）88254397
E-mail：dbqq@phei.com.cn
通信地址：北京市万寿路 173 信箱
　　　　　电子工业出版社总编办公室
邮　　编：100036